山水林田湖草生态保护修复工程绩效评估及案例分析

何连生　孟 睿　李根东　张亚辉　王大伟　著

中国环境出版集团·北京

图书在版编目（CIP）数据

　山水林田湖草生态保护修复工程绩效评估及案例分析/
何连生等著. —北京：中国环境出版集团，2022.2
　ISBN 978-7-5111-5080-6

　Ⅰ．①山… 　Ⅱ．①何… 　Ⅲ．①生态恢复—生态工程—
研究—中国 　Ⅳ．①X171.4

　中国版本图书馆 CIP 数据核字（2022）第 033183 号

出 版 人　武德凯
责任编辑　林双双
责任校对　任　丽
封面设计　岳　帅

出版发行　中国环境出版集团
　　　　　（100062　北京市东城区广渠门内大街 16 号）
　　　　　网　　　址：http：//www.cesp.com.cn
　　　　　电子邮箱：bjgl@cesp.com.cn
　　　　　联系电话：010-67112765（编辑管理部）
　　　　　发行热线：010-67125803，010-67113405（传真）
印　　刷　北京中科印刷有限公司
经　　销　各地新华书店
版　　次　2022 年 2 月第 1 版
印　　次　2022 年 2 月第 1 次印刷
开　　本　880×1230　1/16
印　　张　11.5
字　　数　400 千字
定　　价　148.00 元

中国环境出版集团郑重承诺：
中国环境出版集团合作的印刷单位、材料单位均具有中国环境标志产品认证。

指导委员会

组　长：何连生　孟　睿　李根东　张亚辉　王大伟

组　员：周　强　赵航晨　关丽罡　赵　昊　杜士林
　　　　陈　锐　李永明　邢五军　王会永　马向阳
　　　　王晨霞　王　春　贾文龙　裴文武　樊家豪
　　　　杨　田　王晓伟　姜文超　肖欣欣　曹家乐

序 言

十八大以来，党中央、国务院高度重视生态文明建设，先后印发了《关于加快推进生态文明建设的意见》和《生态文明体制改革总体方案》等，提出了一系列新理念、新思想和新战略，特别是山水林田湖草沙是一个"生命共同体"理念，为生态保护修复提供了指导。2016年以来，财政部、自然资源部、生态环境部积极推进山水林田湖草生态保护修复试点工作，目前全国共有五批44个地区纳入了试点范围。为科学指导山水林田湖草生态保护修复工程的实施，2020年，财政部、自然资源部、生态环境部印发了《山水林田湖草生态保护修复工程指南（试行）》，目前，各地区主要参考《重点生态保护修复治理资金绩效评价指标体系》和山水林田湖草生态保护修复工程实施方案指导绩效评估工作。但是，工程实施过程中，由于参与单位较多，对考核指标没有统一的把握和清晰的认识，对山水林田湖草生态保护修复工程产生的效果以及"生命共同体理念"没有充分体现。

为了从根本上解决乌梁素海流域面临的生态环境问题，巴彦淖尔市认真贯彻习近平总书记"绿水青山就是金山银山"的发展理念、坚持"山水林田湖草是一个生命共同体"的系统思想和中央、内蒙古自治区关于生态环境保护的决策部署，组织实施了乌梁素海流域山水林田湖草生态保护修复试点工程（以下简称试点工程）。试点工程主要包括沙漠综合治理工程、矿山地质环境综合整治工程、水土保持与植被修复工程、河湖连通与生物多样性保护工程、农田面源及城镇点源污染治理工程、乌梁素海湖体水环境保护与修复工程、生态环境物联网建设与管理支撑七大类重点工程，共有35个子项，总投资50.86亿元。

为切实满足自然资源部、财政部和生态环境部对试点工程的考核要求，巩固项目实施过程中每个工程建设的质量和产出效果，乌梁素海流域投资建设有限公司（以下简称SPV公司）在国内开创性地招标引入了生态环境领域的国家队——中国环境科学研究院作为第三方进行项目的效果评估。从2020年6月起，中国环境科学研究院采取驻点办公、专家咨询、现场调研及采样检测的方式，对试点工程展开了绩效评估工作。本次绩效评估项目组主要技术团队由 8 人组成，其中，具有高级技术职称的人员 3 人，具有中级技术职称的人员 5 人；具备研究生学历者 8 人，其中，博士研究生 2 人，硕士研究生 6 人。队伍组建后，对参加人员进行了技术培训和专业协调，制定了野外采样测试工作规范，并邀请了相关领域专家进行咨询。每个子项目派遣专门工作人员进行对接，对工程量和验收材料逐一核实。开展山水林田湖草生态保护修复工程绩效评估对提高项目资金使用效率、规范财政支出、提高项目决策准确性和管理科学性、巩固项目建设质量和产出效果、打造示范样板等起着重要作用。然而，山水林田湖草生态保护修复工程绩效评估指标和方法没有统一的规范和要求，存在指标碎片化、系统性和科学性不足等问题，难以有效引导此项工作取得预期目标。中国环境科学研究院在此方面进行了积极探索，并在实践中不断完善，有效指导了山水林田湖草生态保护修复工程的绩效评估。该项目共产出 35 个子项目评估报告、1 个总报告、1 个创新性报告、1 个可持续性发展报告、1 本专著、1 项山水林田湖草生态保护修复试点工程绩效评估软件。

该项目绩效评估报告的编制得到了巴彦淖尔市人民政府、巴彦淖尔市财政局、巴彦淖尔市自然资源局、巴彦淖尔市水利局、巴彦淖尔市生态环境局、巴彦淖尔市水文局、巴彦淖尔市林业和草原局、乌梁素海生态保护中心、乌拉特前旗住房和城乡建设局、SPV公司、内蒙古河套灌区水利发展中心、内蒙古淖尔开源实业有限公司、上海同济工程咨询有限公司、中国建筑一局（集团）有限公司、中交第三公路工程局有限公司等单位的大力支持，在此表示感谢。

乌梁素海流域山水林田湖草生态保护修复试点工程已接近尾声，该书籍涉及的"试点工程"数据截止到 2021 年 12 月。

目　录

第1章 项目概述

1.1 项目基本情况

项目名称：乌梁素海流域山水林田湖草生态保护修复试点工程绩效评估

委托单位：内蒙古乌梁素海流域投资建设有限公司

编制单位：中国环境科学研究院

1.2 评估工作内容

根据《重点生态保护修复治理资金绩效评价指标体系》、《中央对地方专项转移支付绩效目标管理暂行办法》（财预〔2015〕163 号）、《财政部重点生态保护修复治理专项资金管理办法》（财建〔2019〕29 号）（现已废止）、《财政部关于推进政府购买服务第三方绩效评价工作的指导意见》（财综〔2018〕42 号）、《山水林田湖草生态保护修复工程指南（试行）》、《乌梁素海流域山水林田湖草生态保护修复试点工程实施方案》等文件，结合该项目实施的工程内容和乌梁素海流域存在的环境问题等，制定该项目的评价工作内容，评价工作内容主要包括：

①根据财政部发布的《重点生态保护修复治理资金绩效评价指标体系》，对试点工程进行打分；

②根据《乌梁素海流域山水林田湖草生态保护修复试点工程绩效目标完成情况自评表》，对绩效指标进行考核；

③根据《山水林田湖草生态保护修复工程指南（试行）》及《湿地生态系统服务评估规范》（LY/T 2899—2017）、《森林生态系统服务功能评估规范》（GB 38582—2020）等相关规范及指南，制定该项目的产出效果评价体系，分别评估七大类工程的产出效果及综合成效。

评估内容主要包括：

①项目决策评价：包括资金分配办法和分配结果；

②项目管理评价：包括中央财政资金和地方资金到位及拨付及时情况；资金使用、财务管理情况；组织机构、项目管理和监测监管机制情况；

③项目产出评价：产出数量、工程质量、产出时效、项目按时完工率、产出成本情况；

④项目效果评价：生态效益、社会效益、经济效益等；

⑤生态系统服务价值评估：项目总体对生态系统供给、调节、支持、文化服务价值评估；

⑥综合成效评价：建立项目的整体评价指标体系；

⑦存在的问题及建议：根据绩效评估工作，提出试点工程存在的问题及建议。

1.3 评估依据

1.3.1 主要法律、法规、文件

① 《中华人民共和国环境保护法》（2014 年修订）；
② 《中华人民共和国水污染防治法》（2017 年修正）；
③ 《中华人民共和国固体废物污染环境防治法》（2020 年修订）；
④ 《中华人民共和国循环经济促进法》（2018 年修正）；
⑤ 《中华人民共和国清洁生产促进法》（2012 年修正）；
⑥ 《中华人民共和国水土保持法》（2010 年修订）；
⑦ 《中华人民共和国水法》（2016 年修正）；
⑧ 《中华人民共和国环境影响评价法》（2018 年修正）；
⑨ 《中华人民共和国城乡规划法》（2019 年修订）；
⑩ 《中华人民共和国河道管理条例》（2018 年修订）；
⑪ 《财政部　国土资源部　环境保护部关于推进山水林田湖生态保护修复工作的通知》（财建〔2016〕725 号）；
⑫ 《中央对地方专项转移支付绩效目标管理暂行办法》（财预〔2015〕163 号）；
⑬ 《重点生态保护修复治理专项资金管理办法》（财建〔2019〕29 号）（现已废止）；
⑭ 《财政部关于推进政府购买服务第三方绩效评价工作的指导意见》（财综〔2018〕42 号）；
⑮ 《自然资源领域中央与地方财政事权和支出责任划分改革方案》（国办发〔2020〕19 号）。

1.3.2 主要技术标准、规范、参考文献

① 《污水综合排放标准》（GB 8978—1996）；
② 《城镇污水处理厂污染物排放标准》（GB 18918—2002）；
③ 《地表水环境质量标准》（GB 3838—2002）；
④ 《农田灌溉水质标准》（GB 5084—2021）；
⑤ 《河道整治设计规范》（GB 50707—2011）；
⑥ 《人工湿地污水处理工程技术规范》（HJ 2005—2010）；
⑦ 《地下水质量标准》（GB 14848—2017）；
⑧ 《地下水环境监测技术规范》（HJ 164—2020）；
⑨ 《地表水和污水监测技术规范》（HJ/T 91—2002）；
⑩ 《水质　采样技术指导》（HJ 494—2009）；
⑪ 《水质　采样方案设计技术规定》（HJ 495—2009）；
⑫ 《湖泊生态安全调查与评估技术指南》；
⑬ 《湖泊河流环保疏浚工程技术指南》；
⑭ 《水污染源在线监测系统（COD_{Cr}、NH_3-N 等）数据有效性判别技术规范》（HJ 356—2019）；
⑮ 《水污染源在线监测系统（COD_{Cr}、NH_3-N 等）验收技术规范》（HJ/T 354—2019）；
⑯ 《水污染源在线监测系统（COD_{Cr}、NH_3-N 等）运行技术规范》（HJ 355—2019）；
⑰ 《污染物在线监控（监测）系统数据传输标准》（HJ 212—2017）；

⑱《土壤环境监测技术规范》（HJ/T 166—2004）；
⑲《土壤环境质量　农用地土壤污染风险管控标准（试行）》（GB 15618—2018）；
⑳《土壤环境质量　建设用地土壤污染风险管控标准（试行）》（GB 36600—2018）；
㉑《生活垃圾转运站技术规范》（CJJ/T 47—2016）；
㉒《村庄整治技术规范》（GB/T 50445—2019）；
㉓《农村生活污染控制技术规范》（HJ 574—2010）；
㉔《矿山生态环境保护与恢复治理方案（规划）编制规范（试行）》（HJ 652—2013）；
㉕《矿山生态环境保护与恢复治理技术规范（试行）》（HJ 651—2013）；
㉖《水土保持综合治理效益计算方法》（GB/T 15774—2008）；
㉗《沉积物质量调查评估手册》（科学出版社，2012 年）；
㉘《项目决策分析与评价》（中国统计出版社，2019 年）；
㉙《节水灌溉技术工程规范》（GB/T 50363—2006）；
㉚《农用污泥中污染物控制标准》（GB 4284—1984）（现已废止）；
㉛《山水林田湖草生态保护修复工程指南（试行）》；
㉜《湿地生态系统服务评估规范》（LY/T 2899—2017）；
㉝《地表水环境质量评价办法》（环办〔2011〕22 号）；
㉞《中华人民共和国水利行业标准——水文调查规范》（SL 196—2015）；
㉟《土地利用现状分类》（GB/T 21010—2017）；
㊱《全国水环境容量核定技术指南》；
㊲《人工湿地系统设计导则（征求意见稿）》；
㊳《土壤盐渍化程度分级标准》；
㊴《全国碱化土壤分级标准》；
㊵《全国土壤养分分级标准》；
㊶《环境空气质量标准》（GB 3095—2012）；
㊷《大气污染物综合排放标准》（GB 16297—1996）；
㊸《高标准农田建设标准》（NY/T 2148—2012）；
㊹《农用残膜回收利用技术规范》（DB64/T 870—2013）；
㊺《农田残膜回收技术》；
㊻《农业技术经济手册》；
㊼《畜禽养殖业污染治理工程技术规范》（HJ 497—2009）；
㊽《农业建设项目投资估算内容与方法》（NY/T 1716—2009）；
㊾《城市污水再生利用景观环境用水水质》（GB/T 18921—2019）；
㊿《城市污水再生利用城市杂用水水质》（GB/T 18920—2020）；
(51)《城市污水再生利用工业用水水质》（GB/T 19923—2005）；
(52)《城市污水再生利用农田灌溉用水水质》（GB/T 20922—2007）；
(53)《西北地区农村生活污水处理技术指南》；
(54)《农村环境连片整治技术指南》（HJ 2031—2013）；
(55)《农村生活污染控制技术规范》（HJ 574—2010）；
(56)《农村生活污水处理设施水污染物排放控制规范编制工作指南（试行）》（环办土壤函〔2019〕

403 号）；

㊼《城镇垃圾农用控制标准》（GB 8172—87）；

㊽《生活垃圾焚烧污染控制标准》（GB 18485—2014）；

㊾陈海喜. 贵州省山区草地资源空间格局与生态价值研究[D]. 贵阳：贵州师范大学，2019；

⑥《中华人民共和国水利部水利建筑工程预算定额》；

⑥马建军，姚虹，冯朝阳，等. 内蒙古典型草原区 3 种不同草地利用模式下植物功能群及其多样性的变化[J]. 植物生态学报，2012，36（1）：1-9；

⑥高峰，褚厚坤，于国民，等. 内蒙古克什克腾旗草原区草地类型及物种多样性研究[J]. 青岛农业大学学报（自然科学版），2019，36（1）：19-25；

⑥张元，秦富仓，周佳宁，等. 基于 USLE 的内蒙古达拉特旗黄土丘陵区土壤侵蚀研究[J].内蒙古水利，2016（5）：6-7；

⑥《森林生态系统服务功能评估规范》（GB 38582—2020）；

⑥《草原生态系统服务功能评估规范》（DB21/T 3395—2021）；

⑥Costanza R，d'Arge R，de Groot R，et al. The value of the world's ecosystem services and natural capital[J]. Nature，1997，387（15）：253-260；

⑥闵庆文，刘寿乐，杨霞. 内蒙古典型草原生态系统服务功能价值评估研究[J]. 草地学报，2004（3）：165-169；

⑥麦地娜·买买提. 阿勒泰山森林系统生态价值研究[J]. 低碳世界，2019（3）：324-325；

⑥穆松林，郭群. 内蒙古自治区温带草原生态系统服务价值评估及空间特征[J]. 北方园艺，2018（18）：94-101；

⑦姚志勇. 环境经济学[M]. 北京：中国发展出版社，2002；

⑦李文华. 生态系统服务功能价值评估的理论、方法与应用[M]. 北京：中国人民大学出版社，2008；

⑦李俊奇，张颖夏，向璐璐，等. 中小型城市污水处理厂技术经济调查与分析[J]. 中国给水排水，2006，22（10）：13-16。

1.3.3 其他文件

①《中国生物多样性国情报告》；

②《乌梁素海湿地芦苇空间分部信息提取及地上生物量遥感估算》；

③相关项目可研及批复、设计及批复、实施方案及批复、环评及批复以及设计变更等文件；

④建设单位提供的其他相关文件。

1.4 评估工作方式及过程

1.4.1 人员组成

山水林田湖草生态保护修复试点工程涵盖范围广，涉及的要素齐全，因此，该项目绩效评估工作是一项综合性极强的科学工作，要求工作小组人员具备多学科的知识和科学素质，因此，建立一支综合性的专业队伍是整个评估工作的关键。

本次绩效评估项目组主要技术团队由 8 人组成，其中，具有高级技术职称的人员 3 人（教授级、副高），具有中级技术职称的人员 5 人；具备研究生学历者 8 人，其中，博士研究生 2 人，硕士研究生 6 人；队伍组建后，对参加人员进行了技术培训和专业协调，制定了野外采样测试工作规范，进行了相关任务分配，并邀请了相关领域专家进行评估工作核心要素和工作思路的指导。

1.4.2 制订工作计划

根据绩效评估任务要求，拟订了工作计划，报告编制时间为 2020 年 10 月—2021 年 10 月，历时 12 个月。绩效评估过程中，全组讨论补充、分解任务，根据总体计划制定小组的工作安排和具体工作方法、进度、质量要求等，通过层层落实，使每个成员明确各自所承担的工作任务与具体要求，职责分明，保证了绩效评估工作的顺利进行。各工作小组以调查和资料收集为基调，分赴各区、旗县开展调查工作，并将资料汇总整理编制阶段性评估报告及分报告和总报告。

1.4.3 工作方式

①该绩效评估工作安排 3 名硕士研究生在现场驻点，掌握工程实际进展情况，到施工现场收集工程资料并采样调查；

②邀请相关领域专家到现场开展咨询诊断，及时对项目问题进行解决；

③编制各子项目绩效评估报告和总报告，并提交给施工单位、SPV 公司及相关责任单位征求意见；

④召开专家咨询会议，根据专家意见完善报告，提交当地相关部门征求意见；

⑤召开专家验收会议，修改报告。

主要工作时间流程如下：

①编制绩效评估实施方案：2020 年 6 月完成绩效评估方案，并根据专家意见修改完善；

②现场调研和帮扶：2020 年 7—11 月，与专项办工作人员现场调研，每日提交现场调研情况；与专家到现场调研及帮扶，对施工区域进行针对性的采样检测；

③编制阶段性评估报告：2020 年 12 月—2021 年 2 月，编制《阶段性绩效评估报告》，并将调研报告和阶段性评估报告提交 SPV 公司；

④编制年度自评报告及自评表：2021 年 3 月，协助巴彦淖尔市财政局编制 2020 年绩效自评报告及自评表格；

⑤编制子项目评估报告：2021 年 4—9 月，现场采样及测试，编制各子项目工程绩效评估报告，并提交给相关单位及专家修改完善；

⑥编制总报告：2021 年 10 月，完成总报告的编制工作，召开专家评审会议；

⑦项目验收：2021 年 11 月，完成该绩效评估项目的验收工作。

第 2 章　区域概况

2.1　乌梁素海流域自然概况

2.1.1　自然地理概况

乌梁素海流域范围可定义为对乌梁素海产生影响的汇水区域，包括整个河套灌区、乌梁素海海区、乌拉特前旗、乌拉特中旗与乌拉特后旗的阴山以南部分和磴口县的一部分，流域总面积约为1.63 万 km²。

乌梁素海是 19 世纪中叶受地质运动、黄河改道和河套水利开发影响而形成的河迹湖，水域面积293 km²（约为 44 万亩），最大库容 5.5 亿 m³，是我国第八大淡水湖、地球同一纬度最大的自然湿地、全球荒漠半荒漠地区极为罕见的大型草原湖泊，素有"塞外明珠"的美誉。乌梁素海湖区位于巴彦淖尔市乌拉特前旗境内，呼和浩特、包头、鄂尔多斯三角地带的边缘，河套平原东端，距乌拉特前旗政府所在的乌拉山镇 22 km。

乌梁素海流域位于黄河的"几"字湾顶端，俗称"河套"地区，其范围以乌梁素海为中心，西至磴口县三盛公进水口，东至乌拉特前旗乌拉山口，南至磴口、杭后、临河、五原和乌拉特前旗 4 个旗（县、区）的黄河之滨，北至乌拉特中旗和后旗的阴山山系。流域内有河流、平原、草原、湖泊、山脉、森林、沙漠，总体概括为"南河东湖西沙、一山一田一原"。"南河"就是巴彦淖尔段黄河，全长 345 km，约占黄河内蒙古段全长的 41%。"东湖"就是乌梁素海，总面积约为 44 万亩，是地球同纬度最大的自然湖泊，是我国八大淡水湖之一。"西沙"就是乌兰布和沙漠，是我国八大沙漠之一，总面积约为 1 500 万亩，属于乌梁素海流域的面积为 506 万亩，主要由固定半固定沙地组成，分布少数流动沙丘。"一山"就是乌拉山，总面积为 209 万亩，拥有内蒙古自治区西部最大的天然次生林区乌拉山森林公园。"一田"就是 1 100 万亩耕地，年引水量近 50 亿 m³，土地平整，土壤肥沃，素有"塞上江南"的美誉。"一原"就是阿拉奔草原，总面积约为 105 万亩，是我区九大集中分布的天然草场之一，更是巴彦淖尔市畜牧业主要基地。

2.1.2　自然资源概况

（1）河流水系

乌梁素海流域有大小湖泊 300 多个，年均调洪、分洪、蓄洪为 5 亿 m³ 左右，是黄河凌汛期中上游河段调洪、分洪的重要蓄洪区。汇入黄河水系的支流、山洪沟共 177 条，每年汇入黄河的雨水、山洪水及河套灌区农田退排水高达 3 亿 m³，其中，通过乌毛计闸退入黄河约 2.5 亿 m³，是确保黄河中下游枯水期不断流的重要补给库。

乌梁素海湖区水域面积 293 km²，湖面运行水位 1 018.8～1 019.2 m，大片水域水深在 0.5～1.5 m，最大水深 4 m，是巴彦淖尔市境内最大的湖泊，是河套平原黄灌区排退水、山洪水的容泄区。地下水以灌溉渗漏和大气降水为补给方式，其分布规律与地质构造、岩性、地形及气候等诸因素密切相关。

巴彦淖尔市黄河水系包括河套灌区引水渠、排水渠形成的乌梁素海流域和阴山山脉南侧的山洪沟。黄河从巴彦淖尔市南端的二十里柳子上游 8 km 处的治沙渠口入境，至乌拉特前旗的池家圪堵入包头市境，境内干流全长 345 km，水域面积 226.40 km²，多年平均过境水径流量 315 亿 m³，境内流域面积 3.4 万 km²。

乌梁素海进入的主要水源有农田退水、城镇污水处理厂尾水、生活排水、当地山洪和日常降水；输出的主要水源有排入黄河水、蒸发水、蒸腾水、补给地下水。

乌梁素海作为流域排水唯一的承泄区，总排干沟、八排干沟、九排干沟、十排干沟是主要排入的沟道，平均每年向乌梁素海排水 5.28 亿 m³，湖水经乌毛计退水闸通过总排干沟出口段至三湖河口补入黄河。经过多年建设，流域形成了引水、排水、乌梁素海调蓄、退水入黄的完整水循环系统，在维持灌区水环境系统平衡等方面发挥着重要作用（图 2-1）。

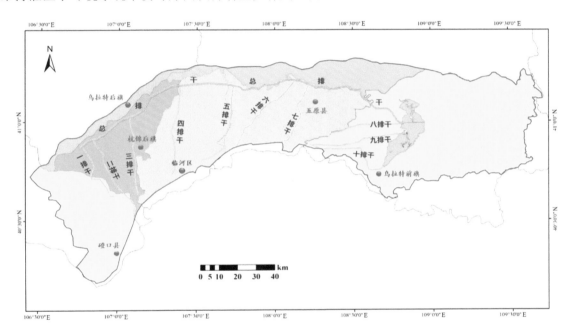

图 2-1　乌梁素海水系示意图

（2）气候气象

乌梁素海流域地处中纬度地区，位于大陆深处，远离海洋，地势较高，属中温带大陆性气候。这里冬寒夏炎，四季分明，降水少、温差大，日照足、蒸发强，春季短促、冬季漫长，无霜期短、风沙天多，雨热同季。

乌梁素海流域年均气温在 7.4～8.8℃，极端最低气温为-30.5℃，极端最高气温为 40.1℃，无霜期为 146～151 d。流域内年均降水量为 174.7 mm，从东到西递减，乌拉特前旗为 216.8 mm，磴口县为 143.3 mm。一年四季降水极不均匀，夏季降水最多，占全年的 63.2%；冬季降水最少，仅占全年的 2.2%；降水年际变化大，最高年份与最低年份降水量相差 5 倍左右。与降水量形成鲜明对比，年均蒸发量达 1 992～2 351 mm。流域内湿润程度很低（相对湿度 0.11～0.20），是天然降水资源极度缺乏的地区；年平均日照时数为 3 194.3 h，是我国日照资源比较充足的地区之一；境内年平均风速为 3.0 m/s，大风多出现在 3—5 月，最大风速可达 27.7 m/s。年内大风日数在 20 d 以上，风向多为西北风。

（3）土壤与植被

巴彦淖尔市第二次土壤普查数据显示，乌梁素海流域土壤类型较多，主要有淡栗钙土、草甸栗钙土、栗钙土、灌淤栗钙土、粗骨栗钙土、普通灰褐土、淋溶灰褐土、粗骨性灰褐土、草甸盐土、沼泽盐土、草甸灌淤土、盐化灌淤土、灌淤土、浅色草甸土、灰色草甸土、流动风沙土、半固定风沙土、固定风沙土等。灌淤土主要分布于苏独仑两侧和乌梁素海沿岸及河套灌区，其中，河套灌区还有部分盐碱土；草甸土主要分布于阿拉奔草原；风沙土主要分布于乌兰布和沙漠、乌拉山北（图2-2）。

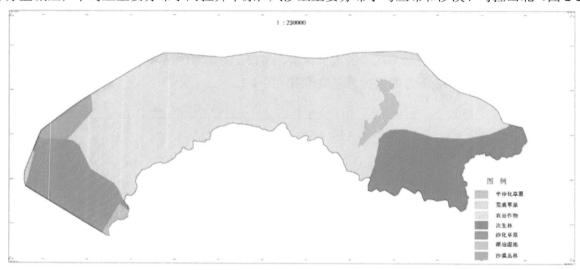

图 2-2　乌梁素海流域植被类型

通过历年的土壤测试分析得出，流域内耕地有机质平均含量为 13.3 g/kg（1.3%），全氮平均含量为 0.8 g/kg，速效磷平均含量为 18.5 mg/kg，速效钾平均含量为 208 mg/kg，pH 平均值为 8.55。

乌梁素海流域在农田渠道主要分布着以杨、柳为主的农田防沙林（图2-3）；在河漫滩和海子分布着水生植被，主要有芦苇、蒲草、隐花草等；在盐碱荒地分布着盐生植被，主要有枸杞、沙棘、盐爪爪、碱葱等灌草植物；在套内零星沙丘分布着沙生植被，主要有沙棘、沙蓬、沙蒿、甘草等植物（图2-4）；在山麓阶地分布着荒漠草原植被，主要有柠条、沙棘、冷蒿等灌草植物；在乌拉山区域分布着次生植被，主要乔木有樟子松、白桦、蒙古栎、蒙古榉、侧柏、山杨、山榆等。

图 2-3 防沙林

图 2-4 沙地灌丛

（4）野生动物

乌梁素海流域拥有丰富的植物、浮游生物、鱼类、两栖类、爬行类、鸟类等生物资源。目前湖区内有各种鸟类 265 种，其中，属于国家一级保护的鸟类 7 种、二级保护鸟类 38 种，鸟类种数占全国鸟类种数的 19.89%，所发现的鸟类科数和目数分别占全国的 64.20% 和 90.48%，国家林业和草原局规定了 707 种鸟类是有益的或者有重要经济、科学研究价值的"三有"国家保护物种，乌梁素海鸟类中有 187 种为该规定范围内的"三有"物种，占全国鸟类"三有"物种种数的 26.45%，是深受国际社会关注的湿地系统生物多样性保护区（图 2-5）。

图 2-5 湖区鸟禽类野生动物

同时，乌梁素海流域内拥有众多的自然湿地，富集的水系为许多水生生物物种保存了基因特性，使许多野生水生生物在不受干扰的情况下自然生存和繁衍，这些生物随着退水进入黄河，成为黄河水生生物多样性的重要物种来源。

乌梁素海流域地处欧亚大陆的中部，是世界候鸟迁徙的重要通道，世界八条鸟类迁徙通道中南亚、西南亚—中亚和东南亚—澳大利亚两条通道在此交会，流域得天独厚的湿地生态环境为鸟类栖息繁衍提供了优越的条件，成为欧亚大陆重要的候鸟栖息、繁殖地和迁徙、集群、停歇及能量补给站，具有极其重要的生态价值（图 2-6）。

图 2-6   湖区鸟类资源

2019 年，乌梁素海的鱼类种类有 18 种，分别隶属于 4 目 7 科，其中，以鲫科鱼类为主，约有 5 种，占总数的 62.5%；鳅科 2 种，占总数的 25%；鲇科 1 种，占总数的 12.5%。2021 年 4 月，项目组开展乌梁素海鱼类调查分析，通过对采集到的渔获物进行统计，合计在乌梁素海湖区记录到鱼类 21 种，隶属 6 科 18 属。其中，鲤科鱼类 15 种，占调查物种总数的 71.4%；其次为虾虎鱼科（2 种），占总数的 9.5%；胡瓜鱼科、鲶科、塘鳢科、月鳢科各 1 种，分别占总数的 4.8%（图 2-7）。

图 2-7   流域鱼类资源

流域发现浮游动物、底栖动物、鱼类、两栖动物、爬行动物、哺乳动物等共计 142 种（图 2-8）。

图 2-8　流域哺乳动物

（5）农业资源

乌梁素海流域内的河套灌区拥有 1 100 万亩耕地和 6.5 万 km 的七级灌排体系，是亚洲最大的一首制灌区和全国三大灌区之一。流域地处北纬 40°农作物种植黄金带，农业生产条件优越，全年日照平均时数为 3 194.3 h，有效积温为 3 000 h 左右，无霜期为 135 d，昼夜温差达 14～18℃，是全国光热条件较好的地区之一，在国家"十二五"规划纲要提出的"七区二十三带"农业战略格局中，河套灌区被列为优质春小麦主产区，是国家重要的商品粮油生产基地（图 2-9）。

图 2-9　流域农业资源

乌梁素海流域已成为全国地级市中最大的有机原奶基地、无毛绒加工基地、脱水菜生产基地、向日葵生产加工基地和全国第二大番茄种植与加工基地，以"天赋河套"为代表的优质农产品区域公用品牌，某宣传视频于 2018 年 5 月 10 日在美国纽约时代广场播放，特色农畜产品出口到 80 多个国家和地区，向全国和世界提供绿色有机食品。

2.2 乌梁素海流域社会经济概况

巴彦淖尔市是以蒙古族为主体、汉族居多数的边疆少数民族地区，全市有 5 个自治区级贫困旗（县），162 个贫困嘎查村，建档立卡贫困人口 70 498 人。贫困人口重点集中在乌梁素海周边地区、山旱区、乌兰布和沙区等生态脆弱地区。乌梁素海流域位于阴山南部的河套平原，是一个独立、封闭的流域体系，包括整个河套灌区、乌梁素海湖区、乌拉特前旗、乌拉特中旗与乌拉特后旗的阴山南麓部分和磴口县的一部分，流域总面积 1.2 万 km²。乌梁素海流域是巴彦淖尔市的政治经济核心区域，流域面积只占全市市域面积的 18.75%，但流域的经济总量、人口总量和财政收入均占全市的 85% 以上，在全市经济中占有非常重要的核心地位。

巴彦淖尔市辖四旗、二县、一区，2019 年年末全市常住人口 155.14 万。其中，城镇人口 91.77 万，乡村人口 63.37 万，城镇化率达 59.15%。全年出生率为 7.94‰，死亡率为 5.18‰，人口自然增长率为 2.76‰。

2019 年全年完成地区生产总值 875.0 亿元，其中，第一、第二、第三产业实现增加值分别为 201.0 亿元、273.6 亿元、400.4 亿元。三产结构比例为 23.0 : 31.3 : 45.7。

巴彦淖尔市共计有 7 个工业园区，分别为巴彦淖尔经济技术开发区、内蒙古磴口工业园区、乌拉特前旗工业园区、巴彦淖尔市甘其毛都口岸加工园区、乌拉特后旗（清科乐）循环经济工业园区、内蒙古杭后工业园区、五原县工业园区。其中，巴彦淖尔经济技术开发区为国家级工业园区，其他为自治区级工业园区。

第3章　试点工程概况

3.1　试点工程立项背景

随着我国经济社会发展不断深入，生态文明建设地位和作用日益凸显。自党的十八大以来，以习近平同志为核心的党中央高度重视并大力推进生态文明建设，把生态文明建设纳入中国特色社会主义事业总体布局。党的十九大提出了加快生态文明体制改革、建设美丽中国的一系列重要论述。2018年，习近平总书记在参加十三届全国人大一次会议内蒙古代表团审议时强调："要加强生态环境保护建设，统筹山水林田湖草治理，精心组织实施京津风沙源治理、三北防护林建设、天然林保护、退耕还林、退牧还草、水土保持等重点工程，实施好草畜平衡、禁牧休牧等制度，加快呼伦湖、乌梁素海、岱海等水生态综合治理，加强荒漠化治理和湿地保护，加强大气、水、土壤污染防治，在祖国北疆构筑起万里绿色长城。"随后将生态文明写入宪法，使生态文明建设的战略地位更加明确。

习近平总书记还提出："黄河流经内蒙古800多公里，沿黄地区资源条件、基础设施、产业基础相对较好，要统筹谋划发展。"

2019年，习近平总书记参加十三届全国人大二次会议内蒙古代表团审议时强调，保持加强生态文明建设的战略定力，探索以生态优先、绿色发展为导向的高质量发展新路子，加大生态系统保护力度，打好污染防治攻坚战，守护好祖国北疆这道亮丽的风景线。

为深入贯彻落实习近平生态文明思想，统筹推进山水林田湖草系统修复，构筑我国北疆万里绿色长城，全面落实党的十九大关于生态文明建设的战略部署，2019年4月，内蒙古自治区财政厅、内蒙古自治区自然资源厅和内蒙古自治区生态环境厅联合编制了《乌梁素海流域山水林田湖草生态保护修复试点工程实施方案》，项目以"山水林田湖草是一个生命共同体"的重要理念指导开展工作，通过全面实施乌梁素海流域山水林田湖草生态保护修复工程，对山上山下、地上地下、陆地水体以及流域上中下游进行整体保护、系统修复、综合治理，真正改变治山、治水、护田各自为政的工作格局，充分践行了"绿水青山就是金山银山"，对改善内蒙古乃至我国华北、西北地区生态环境，打造沿黄生态经济带，助力边疆少数民族地区脱贫致富、保障国土生态安全、维护安定团结、建设生态文明、实现流域绿色高质量发展，具有重大的现实意义和深远的战略意义。

3.2　主要生态环境问题

巴彦淖尔市已实施了一大批生态环境保护和修复项目，乌梁素海流域的生态治理已初见成效，但生态系统结构和功能仍然损坏严重、退化趋势明显，主要表现为湖泊水面萎缩、水质尚未稳定达标、土壤盐碱化、农田面源和城镇村落污染严重、山体和林地破坏严重、水土流失加剧、草原退化等生态环境问题。环境管理方面依然存在条块分割、工作协同不足、治理项目部署分散、体制机制不健全、治理资金短缺等问题，生态环境治理和修复工作尚缺乏系统性、整体性。鉴于乌梁素海流域特殊的地理位置和重要的生态功能，如果不能进一步系统治理流域内生态环境的问题，会对黄河中下游的水生态安全和我国北方的生态安全产生严重威胁。

3.2.1 沙漠化问题

乌梁素海流域内乌兰布和沙漠东西长 92 km，南北宽 61 km，总面积 506 万亩，约占乌兰布和沙漠总面积的 1/3。近 40 年来，随着自然扰动和人为破坏，沙漠化进程不断扩大，侵蚀巴彦淖尔市及周边盟市近 100 km²。目前沙地生态系统以灌草型为主，一些已治理的地区，植被尚处在恢复阶段，稳定性差，如保护利用不当，土地沙化极易反弹，入黄泥沙含量的增多将对下游产生严重影响。

3.2.2 地质环境问题

乌拉山、白云常合山和渣尔泰山地区蕴藏着丰富的矿产资源，自 20 世纪六七十年代矿业活动逐步兴起。由于长期以来重开发轻保护，矿业开发占用破坏大量土地，导致山体和生态环境遭到严重破坏，露天采坑、废石渣堆遍布，原有的地形地貌景观遭到破坏，形成地面塌（沉）陷、崩塌、滑坡等地质灾害隐患，矿业活动产生的固体废物及废水粉尘对环境产生严重影响，土地被占用和破坏，还导致了植被破坏、草原沙化、地表涵养功能退化，水土流失严重，生物多样性也受到影响。

3.2.3 草原退化、水质恶化

阿拉奔草原是乌拉特草原的重要组成部分，草原退化是当前草原生态系统最大的问题，旱灾和虫害频发、早期过度放牧等因素，导致草原退化加速甚至草原沙化。草原生态功能退化，草地逐渐荒漠化，水土流失严重，导致阿拉奔草原的水源涵养地和入湖污染物阻隔带功能下降，进而导致生态屏障功能降低，加剧了乌梁素海的水质恶化（图 3-1～图 3-4）。

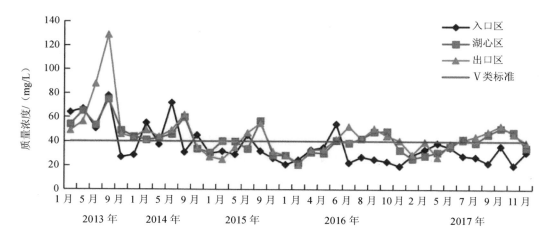

图 3-1　乌梁素海 COD 质量浓度与 V 类标准对比曲线

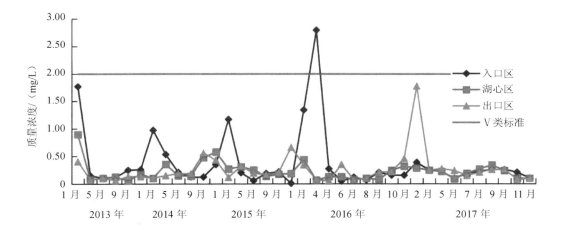

图 3-2　乌梁素海 NH₃-N 质量浓度与 Ⅴ 类标准对比曲线

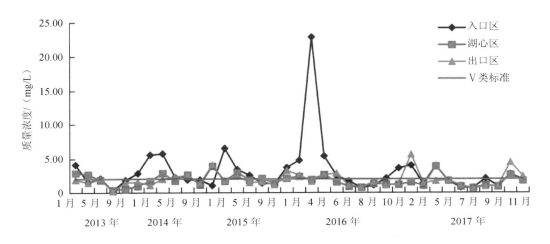

图 3-3　乌梁素海 TN 质量浓度与 Ⅴ 类标准对比曲线

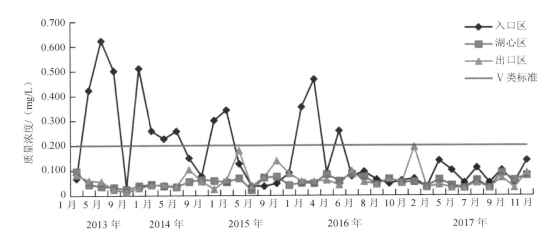

图 3-4　乌梁素海 TP 质量浓度与 Ⅴ 类标准对比曲线

3.2.4　水量减少，土地盐碱化

乌梁素海不同于其他湖泊，主要补水来源是河套灌区各级排干沟的农田排水、全市工业城镇废水和沿山山洪水。按照水利部黄河水利委员会的要求，河套灌区年均净引黄河水量从 20 世纪八九十年代的 52 亿 m^3 下降到现在的近 46 亿 m^3，且年均降水量从 260 mm 下降到 170 mm，灌区年均补给乌梁素海的水量由 7 亿 m^3 减少到 3.5 亿 m^3 左右，而且呈逐年减少的趋势。引水减少直接导致土地盐碱化的加剧，乌梁素海流域土壤本底具有含盐量高、pH 高、土壤板结、通气性不良、肥力水平低、保水保肥能力差的特点，不利于作物出苗和正常生长，经济效益低下。重度盐碱化耕地仅能生长稀疏的碱草，无任何经济收益。由于盐碱化严重，农作物产量低，农户为了追求产量和效益，施以大量化肥、农药，大水压盐，导致土壤板结退化、沙化，又进一步加重农业面源污染，造成更多的盐碱地，形成恶性循环。

3.3　试点工程总体目标

通过试点工程的实施，流域生态环境质量在前期治理的基础上进一步提高，沙漠、山脉、草原、湖泊、水系、湿地等重点生态功能区生态保护与建设取得明显进展，防风固沙能力有效提升，生物多样性持续改善，水环境质量稳定达标，生态系统的稳定性明显加强，生态系统服务功能显著增强，有效提升"北方防沙带"生态系统服务功能和保障黄河中下游水生态安全，并研究探索了一套能够充分反映流域特色的山水林田湖草生态保护修复的评价指标。

到 2020 年，项目区综合整治后，主要指标包括：

①乌兰布和沙漠严重沙漠化占比由 2017 年的 23.7%降至 21.8%，新增治理面积 4 万亩。

②乌拉山地质环境灾害治理率由 2017 年的 10%提高至 100%，乌拉山地质环境区域治理面积比例由 2017 年的 18.17%提高至 100%。

③乌梁素海湖心主要污染物浓度下降 3%，水质持续稳定达标；生物多样性指数稳步提升。

3.4　试点工程布局方案

中国科学院遥感与数字地球研究所遥感科学国家重点实验室田野等对乌梁素海流域生态系统的评价研究成果如图 3-5～图 3-12 所示。

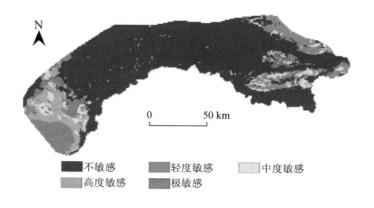

图 3-5　水土流失敏感性分布

　　由图 3-5 可知，乌梁素海流域范围内，水土流失敏感性为极敏感和高度敏感的类型主要分布在乌梁素海流域西部，土壤侵蚀并不严重。

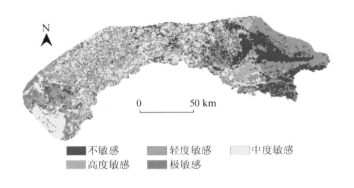

图 3-6　土地沙化敏感性分布

　　由图 3-6 可知，土地沙化敏感性为极敏感和高度敏感的类型主要分布在乌梁素海流域西部。

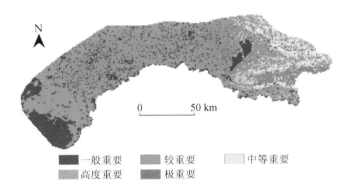

图 3-7　土壤保持生态功能重要性分布

　　由图 3-7 可知，乌梁素海流域土壤保持生态功能重要性程度比较低。

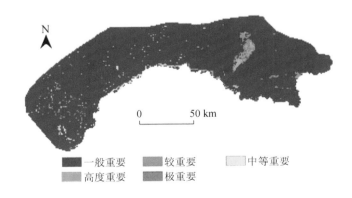

图 3-8　水源涵养功能重要性分布

　　由图 3-8 可知，乌梁素海流域水源涵养功能重要性程度比较低。

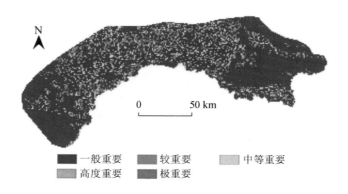

图 3-9   生物多样性保护功能重要性分布

由图 3-9 可知，乌梁素海流域生物多样性保护功能重要性程度比较低，主要分布在乌梁素海流域中部农业用地。

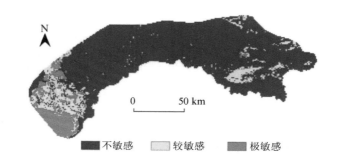

图 3-10   总生态敏感性评价

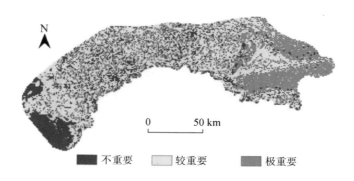

图 3-11   总重要性评价

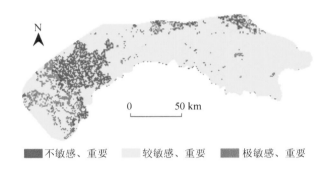

图 3-12　生态敏感—重要空间分布

为全面贯彻落实习近平生态文明思想，统筹推进山水林田湖草系统修复，以构筑我国北疆万里绿色长城为目标，坚持"保护优先、系统治理"的原则，整体保护，系统修复，综合治理。按照"一中心、二重点、六要素、七工程"组织实施乌梁素海流域山水林田湖草生态保护修复试点工程。"一中心"即以建设我国北方重要生态屏障为中心，"二重点"即聚焦于提升"北方防沙带"生态系统服务功能和保障黄河中下游水生态安全，"六要素"即围绕流域内沙漠、矿山、林草、农田、湿地、湖水等生态要素开展系统治理，"七工程"就是在前期治理的基础上，分时间、分步骤、分区域，用 3 年的时间，充分考虑资金年度投入强度、可行性及地方政府的实施能力，优先启动对国家生态安全格局产生重大影响的工程项目，安排实施"沙漠综合治理工程、矿山地质环境综合整治工程、水土保持与植被修复工程、河湖连通与生物多样性保护工程、农田面源及城镇点源污染治理工程、乌梁素海湖体水环境保护与修复工程、生态环境物联网建设与管理支撑"7 个方面重点工程项目，推动乌梁素海流域生态环境的持续改善，保障我国北方的生态安全。

项目系统结构如图 3-13 所示。

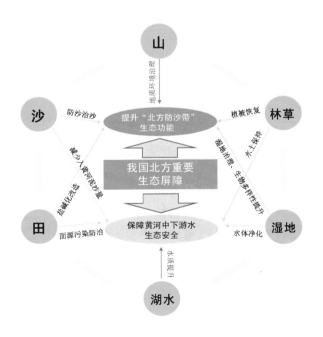

图 3-13　项目系统结构

　　根据"尊重自然、差异治理"的主要原则，按照"因地制宜、重点突出"的规划方法，结合《内蒙古自治区生态环境保护"十三五"规划》《巴彦淖尔市环境保护"十三五"环境保护规划》《巴彦淖尔城市总体规划（2010—2030)》《乌梁素海综合治理规划》（修编）等现有的主要生态保护修复相关规划方案，将乌梁素海流域生态保护修复分为 6 个主要治理区域，形成"四区、一带、一网"的生态安全格局（图 3-14)。具体包括：

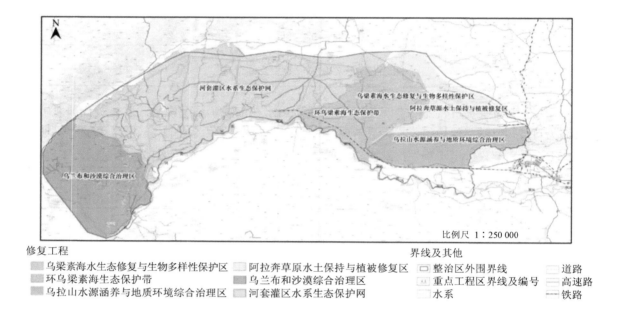

图 3-14　试点工程治理分区

　　（1）环乌梁素海生态保护带

　　环乌梁素海生态保护带包括湖区周边的农田、城镇和村落等。针对生态保护带的面源、点源污染问题，通过环湖生态保护带的控污减排措施，展开对环湖带的农牧业、城镇和村落污染物整治工程，从源头治理，减少排干入湖污染物。

　　（2）河套灌区水系生态保护网

　　河套灌区水系生态保护网包括连接乌梁素海和环湖生态保护带的主要排干沟。针对入排干沟水质污染问题，开展排干沟治理、人工湿地、生态补水等一系列措施和工程，进一步提升排干沟水质，减少入湖污染物。

　　（3）乌梁素海水生态修复与生物多样性保护区

　　乌梁素海水生态修复与生物多样性保护区包括乌梁素海湖区。为了保护湖体的水生态修复和生物多样性，提升湖泊的降解和净化功能，改善湖体的水质和富营养化状态，改善整个湖区的水流条件，增加湖体库容和水量，减少湖体内源污染物，开展湖体内源治理工程。结合环乌梁素海生态保护带和河套灌区水系生态保护网，形成水质改善治理系统，进一步提升乌梁素海入黄河水质，保护黄河水生态安全。

　　（4）阿拉奔草原水土保持与植被修复区

　　阿拉奔草原水土保持与植被修复区包括阿拉奔草原和水土保持清水产流区。为了减少季风通道上流域的水土流失，通过开展阿拉奔草原及水土流失源头带、过程带、缓冲带的水土保持和植被恢复工程，减少入湖污染物和泥沙量，防风固沙。

（5）乌拉山水源涵养与地质环境综合治理区

乌拉山水源涵养与地质环境综合治理区主要指乌拉山的山体。通过开展乌拉山的地质环境、地质灾害整治和植被恢复措施工程，改善乌拉山受损山体的地质地貌环境，提高水源涵养功能，减少入湖污染物和泥沙量，改善湖体水环境，提升乌拉山的生态屏障服务功能。

（6）乌兰布和沙漠综合治理区

乌兰布和沙漠综合治理区主要指磴口的乌兰布和沙漠。通过开展乌兰布和林草植被恢复措施，防沙治沙，与乌拉山水源涵养与地质环境综合治理区、阿拉奔草原水土保持与植被修复区及其他治理区系统共同提升"北方防沙带"功能。

项目设计及空间布局贯彻整体性、系统性原则，布局合理，统筹考虑了乌梁素海各区域实际存在的问题及自然生态各要素，体现了"整体保护、系统修复、综合治理"的要求；工程类型合理，能聚焦生态受损、开展修复治理最迫切的重点区域和工程。

3.5　试点工程内容

以生命共同体为指导原则，以乌梁素海流域内的突出生态环境问题为导向，对治理区内的重点生态环境问题进行保护与修复，包括七大重点工程项目，项目名称及所在行政区域、投资预算如表3-1所示。

表 3-1　乌梁素海流域山水林田湖草生态保护修复试点工程项目汇总　　　　单位：万元

序号	项目名称	具体位置	总投资
1. 沙漠综合治理工程			
1.1	乌兰布和沙漠防沙治沙示范工程	磴口县	48 600
1.2	乌兰布和沙漠生态修复示范工程	磴口县	15 700
2. 矿山地质环境综合整治工程			
2.1	乌拉山北麓铁矿区矿山地质环境治理工程	乌拉特前旗	56 400
2.2	乌拉山南侧废弃砂石坑矿山地质环境治理项目	乌拉特前旗	9 600
2.3	内蒙古乌拉特前旗大佘太镇拴马桩—龙山一带废弃石灰石矿地质环境治理项目	乌拉特前旗	8 300
2.4	乌拉山小庙子沟崩塌、泥石流地质灾害治理工程	乌拉特前旗	9 500
3. 水土保持与植被修复工程			
3.1	乌梁素海东岸荒漠草原生态修复示范工程	乌拉特前旗	16 800
3.2	湖滨带生态拦污工程	乌拉特前旗	10 500
3.3	乌拉特前旗乌拉山南北麓林业生态修复工程	乌拉特前旗	22 000
3.4	乌梁素海周边造林绿化工程	乌拉特前旗	2 200
4. 河湖连通与生物多样性保护工程			
4.1	乌梁素海流域排干沟净化与农田退水水质提升工程	乌拉特前旗	13 200
4.2	九排干人工湿地修复与构建工程	乌拉特前旗	2 400
4.3	八排干、十排干及总排干人工湿地修复与构建工程	乌拉特前旗	2 900
4.4	乌拉特前旗大仙庙海子周边盐碱地治理及湿地恢复工程	乌拉特前旗	6 400
4.5	生物多样性工程	乌拉特前旗	5 200
4.6	乌梁素海生态补水通道工程	乌拉特前旗	23 200
4.7	乌梁素海海堤综合治理工程	乌拉特前旗	65 300

序号	项目名称	具体位置	总投资
5. 农田面源及城镇点源污染综合治理工程			
5.1	农业投入品减排工程	乌拉特前旗	10 000
5.2	耕地质量提升工程	乌拉特前旗	24 500
5.3	农业废弃物回收与资源化利用工程	乌拉特前旗	20 400
5.4	乌拉特前旗污水处理厂扩建工程	乌拉特前旗	8 100
5.5	乌拉特前旗乌拉山镇再生水管网及附属设施（第二污水处理厂）工程	乌拉特前旗	8 400
5.6	乌拉特前旗污水处理厂改造工程	乌拉特前旗	8 900
5.7	乌梁素海生态产业园综合服务区（坝头地区）污水工程	乌拉特前旗	8 500
5.8	"厕所革命"工程	乌拉特前旗	5 400
5.9	村镇一体化污水工程	乌拉特前旗	12 000
5.10	生活垃圾收集和转运站点建设工程	乌拉特前旗	9 800
6. 乌梁素海湖体水环境保护与修复工程			
6.1	西侧湖区湿地治理及湖区水道疏浚工程	乌拉特前旗	20 000
6.2	东侧湖区湿地治理及湖区水道疏浚工程	乌拉特前旗	20 000
6.3	水生植物资源化综合处理工程	乌拉特前旗	13 200
6.4	乌梁素海湖区底泥处置	乌拉特前旗	5 000
7. 生态环境物联网建设与管理支撑			
7.1	生态环境基础数据采集体系建设	全流域	9 400
7.2	生态环境传输网络建设	全流域	200
7.3	生态环境大数据平台建设	全流域	3 800
7.4	智慧生态环境管理体系建设	全流域	2 800

第4章 绩效评估

4.1 评估工作总体思路

本次绩效评估的对象是乌梁素海流域山水林田湖草生态保护修复试点工程，以"山水林田湖草是一个生命共同体"为理论依据，结合该项目实施方案、各工程合同内容等，以乌梁素海全流域、各类工程、各个子项目为评估对象，以工程实施完成情况、项目管理、资金保障、制度建设、生态效益、社会效益、经济效益、生态服务价值评估等为评估重点内容，从生态环境质量、退化生态系统修复、制度与资金保障等方面构建评估指标体系，分三个层次全面评估山水林田湖草生态保护修复成效。该绩效评估通过全过程指导、专家咨询的方式，及时指出工程实施过程中存在的问题，并及时提出解决方案。通过乌梁素海流域山水林田湖草生态保护修复试点工程绩效评估的开展，建立科学性、可操作性、指导性强的山水林田湖草生态保护修复试点工程绩效评估体系，为自然资源部、财政部、生态环境部绩效评估工作提供方法及依据。

4.2 评估原则

（1）客观公正与实事求是相结合

以实事求是为基本原则，全面分析乌梁素海流域山水林田湖草生态保护修复试点工程实施效果，总结成效经验，深入客观地分析存在的问题和不足，提出有针对性的对策措施。

（2）定性分析与定量分析相结合

由于生态保护修复的部分效果具有一定的时间滞后性，因此评估以定性分析为主；对资金筹措、资金管理、目标完成度等指标以定量分析为主；对评价过程中具体的工程通过定量与定性相结合的方法进行评估。

（3）全面评估和重点评估相结合

增强评估的针对性，突出山水林田湖草生态保护修复试点工程的总体目标、核心目标以及重点，一方面对全域范围内总体工程开展全方位评估，另一方面对重点工程开展有针对性的评估。

4.3 评估工作技术路线

乌梁素海流域山水林田湖草生态保护修复试点工程项目绩效评估分为子项目评估、七大类项目评估及总评估，技术路线如图4-1所示。

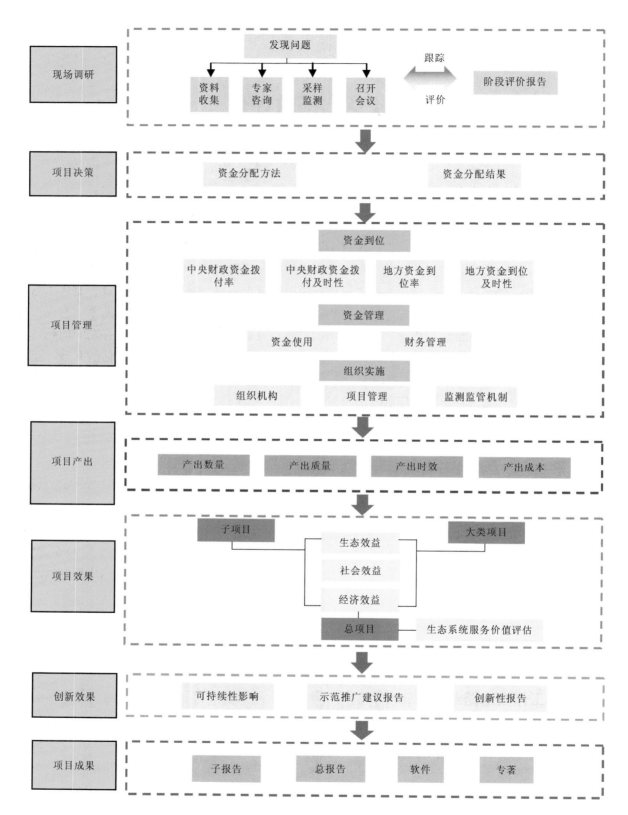

图 4-1　项目绩效评估工作技术路线

4.4　评估指标

4.4.1　重点生态保护修复治理资金绩效评价评分表

重点生态保护修复治理资金绩效指标体系如表 4-1 所示。

表 4-1　重点生态保护修复治理资金绩效指标体系

一级指标	分值	二级指标	分值	三级指标	分值	考核内容	评分标准
项目决策	40	资金分配	10	分配办法	5	是否根据需要制定相关资金管理办法,并在管理办法中明确资金分配办法;资金分配因素是否全面、合理	省级财政部门会同主管部门制定了资金使用管理实施细则,相关内容符合当年中央部门印发的资金管理办法和报备的实施方案要求,得 3 分,否则不得分;资金分配因素的选择主要考虑关系国家生态安全格局和区域生态系统服务功能的整体提升,得 2 分,否则不得分
				分配结果	5	资金分配是否符合相关管理办法;分配结果是否合规、合理	资金分配符合相关的资金管理办法和实施细则要求,符合坚持公益方向、合理划分事权、统筹集中使用的原则,得 3 分,否则不得分;资金分配合规、合理,优先用于解决生态系统突出问题,得 2 分,否则不得分
项目管理	40	资金到位	10	中央财政资金拨付率	2	省级财政部门是否足额拨付中央财政资金	资金全部到位,得 2 分;资金部分到位,但不影响项目进展的,得 1 分,否则不得分
				中央财政资金拨付及时性	2	省级财政部门是否及时拨付中央财政资金	资金按规定时间及时拨付,得 2 分;未按规定时间拨付但不影响项目进展的,得 1 分,否则不得分
				地方资金到位率	3	按照实施方案,地方相关资金是否足额到位	资金全部到位,得 3 分;资金部分到位,但不影响项目进展的,得 2 分,否则不得分
				地方资金到位及时性	3	按照实施方案,地方相关资金是否及时到位	资金按规定及时到位,得 3 分;未及时到位但不影响项目进展的,得 2 分,否则不得分
		资金管理	10	资金使用	5	资金管理主管部门和地方工程子项目主管部门是否存在支出依据不合规、虚列项目支出的情况;是否存在截留挤占、挪用项目资金情况;是否存在超标准开支情况	此为扣分项,虚列(套取)扣 4~5 分,支出依据不合规扣 1 分,截留、挤占、挪用扣 3~5 分,超标准开支扣 2~5 分;未发现上述行为得 5 分
				财务管理	5	资金管理主管部门和地方工程子项目主管部门资金管理、费用支出等制度是否健全,是否严格执行;会计核算是否规范	资金管理、费用支出等财务制度健全,得 2 分;能严格执行制度,得 2 分;会计核算规范,得 1 分

一级指标	分值	二级指标	分值	三级指标	分值	考核内容	评分标准
项目管理	40	组织实施	10	组织机构	2	机构是否健全，分工是否明确	明确了牵头部门，建立了各部门分工协作的协调机制，得1分；协调机制召开了会议，各部门分工明确，得1分
				项目管理	2	是否建立健全项目管理制度；是否严格执行相关项目管理制度	制定了相关项目管理办法等管理制度，制度合规、合理，得1分，否则不得分；严格执行项目管理制度，得1分，否则不得分
				监测监管机制	6	是否按照绩效监控要求建立有效的监管机制	建立了项目监测监管相关制度（如工程安全、质量、进度控制制度等），得2分，否则不得分；开展了项目实施全过程监测监管，得2分，否则不得分；已及时向财政部、自然资源部备案实施方案，得1分，检查前补充备案，得0.5分，否则不得分；严格执行定期报告制度，按时报送工程进展情况，得1分，超过规定实现报送，得0.5分，否则不得分
项目产出	40	产出数量	28	矿山生态修复	6	历史遗留废弃矿山治理任务完成情况	完成率=治理完成面积/实施方案拟订的治理总面积。完成率在80%（含）以上的，得6分；完成率在50%(含)~80%的，得3分；完成率在50%以下的，不得分
				流域水环境保护治理	6	修复区域水质达到实施方案预设目标的比率	全部达标的，得6分；达标率在80%及以上的，得3分；达标率在80%以下的，不得分
				重要生态系统保护修复	4	1.草原、湿地等生态系统修复面积目标的完成情况；2.森林、植被等覆盖率目标完成情况	1.完成实施方案拟订的草原、湿地等生态系统修复面积目标的，得2分；完成修复面积占总面积80%及以上的，得1分；80%以下的，不得分。2.完成实施方案拟订的森林、植被等覆盖率目标的，得2分；完成覆盖率增量80%及以上的，得1分；80%以下的，不得分
				污染与退化土地修复治理	1	水土流失治理任务完成情况	完成率=治理完成面积/实施方案拟订的治理总面积。完成率在80%（含）以上的，得1分；完成率在50%(含)~80%的，得0.5分；完成率在50%以下的，不得分
					1	污染土地治理任务完成情况	完成率=治理完成面积/实施方案拟订的治理总面积。完成率在80%（含）以上的，得1分；完成率在50%(含)~80%的，得0.5分；完成率在50%以下的，不得分

一级指标	分值	二级指标	分值	三级指标	分值	考核内容	评分标准
项目产出	40	产出数量	28	污染与退化土地修复治理	1	退化土地修复任务完成情况	完成率=修复完成面积/实施方案拟订的修复总面积。完成率在80%（含）以上的，得1分；完成率在50%（含）~80%的，得0.5分；完成率在50%以下的，不得分
				土地综合整治	3	土地整治任务完成情况	完成率=整治完成面积/实施方案拟订的整治总面积。完成率在80%（含）以上的，得3分；完成率在50%（含）~80%的，得2分；完成率在50%以下的，不得分
					3	新增耕地任务完成情况	完成率=整治完成面积/实施方案拟订的整治总面积。完成率在80%（含）以上的，得3分；完成率在50%（含）~80%的，得2分；完成率在50%以下的，不得分
				生物多样性保护	3	重要生物、物种得到保护的情况	区域内动物种群丰富，生物多样性得到明显提升，得3分；区域内动物种群数量受到保护，生物多样性有所提升，得2分；区域内生物多样性受到损害，不得分
		产出质量	4	工程质量	4	工程实施整体质量情况，是否能解决存在的问题，贯彻整体性、系统性原则，工程子项目质量情况	1.工程布局合理，统筹考虑自然生态各要素，体现"整体保护、系统修复、综合治理"要求，得2分；工程布局基本合理，能考虑自然生态各要素，部分体现"整体保护、系统修复、综合治理"要求，得1分；否则不得分。2.工程类型合理，能聚焦生态系统受损、开展修复治理最迫切的重点区域和工程，得2分；工程类型较为合理，能考虑生态系统受损、开展修复治理最迫切的重点区域和工程，得1分；否则不得分。3.工程子项目质量情况（此项为扣分项）。子项目验收后，出现少量质量问题扣2~4分，出现大量质量问题或出现质量事故的扣3~5分（本项可为负数，最高扣5分）
		产出时效	4	项目按时完工率	4	实施方案各子项目是否按时完工	项目完工率达到80%（含）以上的，得4分；项目完工率在50%~80%的，得分=项目完工率×分值；项目完工率≤50%的，不得分
		产出成本	4	成本控制	4	山水林田湖草生态保护修复各项目治理成本控制情况	实际支出不超预算比例=项目实际支出不超预算的个数/项目总数。得分=实际支出不超预算比例×分值；比例在60%以下的，不得分

一级指标	分值	二级指标	分值	三级指标	分值	考核内容	评分标准
项目效果	20	生态效益	6	区域生态系统功能改善情况	6	试点对国家重点生态功能区、自然保护地、国家重大战略重点支撑区、生态问题突出区支撑情况，对生态系统整体提升、改善情况	区域内及周边生态系统明显改善，得6分；部分生态系统改善，得3分；生态系统改善不明显，不得分；部分生态系统区域发生恶化，每发现一处扣2分（本项可为负数，最高扣10分）
		社会效益	4	社会认知度	4	地方贯彻落实习近平生态文明思想、总结项目实施经验、充分利用宣传手段、发挥示范带动作用的情况	1.充分贯彻落实习近平生态文明思想，利用多种宣传渠道，广泛宣传"山水林田湖草是一个生命共同体"的理念，把握正确舆论导向。在市级及以上媒体宣传，得1分。 2.充分总结生态保护修复工程试点的经验做法与成效，得1分；将总结的整体性、系统性生态修复的经验做法推广应用到其他生态修复项目，得2分
		可持续影响	5	工程效果的可持续性及范围内生态系统的可持续性	5	是否有完善的管护措施和经费，范围内人与自然作为生命共同体和谐共生是否可持续	1.按照资金管理办法要求，已完工项目采取了有利于生态系统可持续恢复的管理和保护措施，对生态系统的保护和修复发挥持续性作用，得2分；明确了工程管护责任主体和经费，得1分。 2.区域内及周边生态系统完整性、稳定性显著增强，人民群众长久生计得以保障，具有可持续性，得2分；生态系统完整性、稳定性部分增强，人民群众长久生计得到部分保障，具有一定可持续性，得1分，否则不得分
		服务对象满意度	5	群众和利益相关者满意度	5	群众和利益相关者对山水林田湖草工程的综合满意度，数据通过向有关对象发放问卷调查的形式获得，发放问卷数量在100份以上。满意度=问卷调查平均得分/总分×100%	满意度≥90%，得5分；80%≤满意度<90%，得4分；70%≤满意度<80%，得3分；60%≤满意度<70%，得2分；满意度<60%，不得分

4.4.2　绩效目标

试点工程每年向自然资源部、财政部、生态环境部实时报送绩效目标完成情况及自评报告，绩效目标如表4-2所示。

表 4-2　乌梁素海流域山水林田湖草生态保护修复试点工程绩效目标

一级指标	二级指标	三级指标	总目标值
产出指标	数量指标	新增沙漠治理面积/万亩	4
		治理无责任主体露天采坑/个	404
		治理无责任主体废渣堆/个	353
		治理无责任主体废弃工业广场/个	72
		新增水土流失治理面积/万亩	1.4
		新增乌拉山林业生态修复总面积/万亩	3.3
		新增乌梁素海周边草原生态修复面积/万亩	6
		新增芦苇年处理量/万 t	6
		新增减氮控磷示范面积/万亩	76
		生态补水量/亿 m^3	3
		增加蓄水量/亿 m^3	0.67
		新增海堤防护长度/km	120
		人工湿地修复、新增面积/亩	7 020
		生态环境物联网与大数据平台建设	完成
		膜下滴灌水肥一体化面积/万亩	210
		智能配肥站新增服务面积/万亩	320
	质量指标	残膜当季回收率/%	全市达到 80 以上，项目区达到 85
		农作物病虫害绿色防控技术覆盖率/%	50
		秸秆综合利用率/%	全市达到 85，项目区达到 90
		畜禽粪污综合利用率/%	全市达 80 以上，项目区达到 90 以上
		畜禽规模化养殖场粪污资源化利用设备配套率/%	95
		湖区周围城镇污水处理率/%	99
		湖区周围城镇生活垃圾处理率/%	98
		乌拉山地质灾害区域治理率/%	100
		乌拉山地质环境区域治理面积比率/%	100
		肥料利用率/%	40
		农药利用率/%	40
		河长制、湖长制覆盖率/%	100
		固定源排污许可证覆盖率/%	100
效益指标	生态效益指标	乌梁素海湖心 COD 质量浓度/（mg/L）	≤36.86
		乌梁素海湖心 $NH_3\text{-}N$ 质量浓度/（mg/L）	≤0.2
		乌梁素海湖心 TP 质量浓度/（mg/L）	≤0.049
		乌梁素海湖心 TN 质量浓度/（mg/L）	≤1.57
		严重沙漠化占比/%	21.80
	经济效益指标	提高项目区农民、种养殖户收入	显著
	社会效益指标	开展控肥、控药、控水、控膜"四控行动"，同时加大试点工程社会宣传	显著
	可持续影响指标	带动旅游业发展	显著
满意度指标	服务对象满意度指标	公众对完工项目区生态环境满意度/%	≥85

4.4.3　产出效果评价指标

　　为了进一步体现"山水林田湖草是一个生命共同体"的理念，贯彻山上山下、地上地下、陆地水体以及流域上中下游进行整体保护、系统修复、综合治理，真正改变治山、治水、护田各自为政的工作格局，该项目通过建立生态效益、社会效益、经济效益指标体系，进一步体现试点工程的综合产出效果，绩效指标如表 4-3 所示。

表 4-3　产出效果绩效评价指标

一级指标	二级指标	三级指标
生态效益指标	生态环境质量	源头削减，过程减排，内源降低；沟道流通性增强；乌梁素海湖心 COD 质量浓度≤36.86 mg/L，NH_3-N 质量浓度≤0.2 mg/L，TP 质量浓度≤0.049 mg/L，TN 浓度质量≤1.57 mg/L
		耕地质量提升，土壤肥力增强，盐碱地改良
		阻滞降尘、固碳释氧能力提升
	生物多样性	植被覆盖度提升
		物种多样性提升
	区域稳定性	涵养水源能力提升
		防洪、护坡能力提升
		严重沙漠化占比≤21.8%
		防风固沙能力提升
		减轻地质灾害，固土能力增强
		水资源供给、节约能力提升
	生态服务价值	支持服务、调节服务、文化服务及供给服务
经济效益指标	直接效益	提高项目区农民、种养殖户收入
	间接效益	撬动社会资本
		带动旅游业
		水产养殖增产增收
社会效益指标	加快贫困人口脱贫步伐	促进区域高质量发展，带动就业
	开展"四控行动"	开展控肥、控药、控水、控膜"四控行动"
	社会认知度	加大试点工程社会宣传
		充分总结生态保护修复工程试点的经验做法与成效，将总结的整体性、系统性生态修复的经验做法推广应用到其他生态修复项目
	防洪减灾	减少洪涝灾害对居民生命财产安全造成的威胁
	生态环境管理能力	建立健全数据采集体系、传输体系、大数据平台以及智慧生态环境管理
	景观效益	治理区景观效果提升

　　截至 2021 年 12 月 31 日，未完成的指标包括乌拉山地质灾害区域治理率、新增水土流失治理面积、新增乌拉山林业生态修复总面积及新增海堤防护长度，乌拉山镇污水处理率达 100%，其他乡镇村镇一体化设施建设完毕但还未运行。

第 5 章　项目决策和项目管理评价

5.1　项目决策评价

项目决策评价主要包括资金分配方法和资金分配结果两个方面内容。

①资金分配方法主要评价是否根据需要制定相关资金管理办法，并在管理办法中明确资金分配办法；资金分配因素是否全面、合理。

②资金分配结果主要评价资金分配是否符合相关管理办法；分配结果是否合规、合理。

5.1.1　资金分配方法评价

5.1.1.1　评价标准

财政部门会同主管部门制定了资金使用管理实施细则，相关内容符合当年中央部门印发的资金管理办法和报备的实施方案要求；资金分配因素的选择主要考虑关系国家生态安全格局和区域生态系统服务功能的整体提升。

5.1.1.2　评价依据

省级财政部门及市级财政部门根据需要制定了相关资金管理办法，并在管理办法中明确资金分配办法，但是存在不符合当年中央部门印发的资金管理办法要求等问题。

（1）内蒙古自治区财政厅协同自然资源厅和财政厅印发了《内蒙古自治区国土空间生态修复治理项目和专项资金管理办法》（内自然资字〔2020〕28 号），在其第二章"山水林田湖草生态保护修复与综合治理项目"中，进行了相应规定，但是存在相关内容不符合当年中央部门印发的资金管理办法要求等问题，比如第十条，"山水林田湖草生态保护修复与综合治理工程项目，在实施过程中因实施环境和发生重大变化，确有必要调整实施方案的，应坚持工程目标不降低原则。不涉及项目实施区域变化的方案调整，由盟行政公署（市人民政府）审批，并报自治区自然资源厅、财政厅备案"。按照《财政部重点生态保护修复治理资金管理办法》（财建〔2019〕29 号）（现已废止）第九条的要求"采取项目法支持的项目，在实施过程中因实施环境和条件发生重大变化，确有必要调整实施方案的，应坚持工程目标不降低原则。不涉及项目实施区域变化的方案调整，应由省级人民政府同意后报财政部、自然资源部等部门备案"。

（2）巴彦淖尔市财政局牵头，会同市委、市政府等主管部门共同制定《乌梁素海流域山水林田湖草生态保护修复试点工程资金管理办法》，该办法符合《中华人民共和国预算法》和《财政部关于印发〈重点生态保护修复治理资金管理办法〉的通知》（现已废止）等法律法规的要求，并满足该项目报备的《乌梁素海流域山水林田湖草生态保护修复试点工程实施方案》的要求。上述方案充分明确了资金分配办法，各类资金由市级统筹安排分配使用，按照"统一规划、分级负担、统筹使用、综合考评"的有关政策规定，围绕《乌梁素海流域山水林田湖草生态保护修复试点工程实施方案》，将各类资金统筹用于工程建设，并按照信息公开的有关规定进行公开，接受社会监督。

资金分配因素全面、合理。该项目资金分配围绕《乌梁素海流域山水林田湖草生态保护修复试点工程实施方案》确定的任务，充分考虑项目区环境治理背景、环境治理目标、项目区域面积、工程实施内容、工程量、工程难度和地方财政状况等，立足于维护国家生态安全格局和整体提升区域生态系统服务功能，狠抓乌梁素海流域环境问题痛点，切实推动项目区各试点工程实施工作的顺利展开，资金分配基本符合坚持公益方向、合理划分事权、统筹集中使用的原则，未发现用于旅游开发、景观建设等与生态保护修复紧密性不强的项目建设。资金分配因素合理、全面，充分体现了项目资金管理的科学性和规范性，有利于完善工程项目实施机制，优化项目资金投入，确保工程目标的实现。

5.1.2　资金分配结果评价

（1）评价标准

资金分配符合相关的资金管理办法和实施细则的要求，符合坚持公益方向、合理划分事权、统筹集中使用的原则；资金分配合规、合理，优先用于解决生态系统突出的问题。

（2）评价依据

1）资金分配符合相关管理办法。

根据《乌梁素海流域山水林田湖草生态保护修复试点工程资金管理办法》的相关规定：凡纳入山水林田湖草生态保护修复试点工程建设投入的各类资金，要统一纳入政府投资项目管理平台系统进行项目全流程管理，实行纵横实时联动绩效监管机制，即自治区、市和旗（县）财政部门三级纵向联网管理；所有参与项目建设管理的市直监管机构及部门、项目承担单位、项目全过程管理公司横向联网管理。各类资金要由市级统筹安排分配使用。市级财政部门通过管理平台系统下达资金预算指标后，项目承担单位提出申请使用资金计划，要先经全过程管理公司审核相关手续，再经项目主管部门确认，最后由政府监管机构审批下达支付指令，财政部门从国库集中支付系统及时拨付资金，实现资金安全、封闭运行。全过程管理公司充分利用政府投资项目管理平台，监督审核项目承担单位项目基本信息录入的完整性、准确性和真实性，跟踪监督项目建设进度，向政府监管机构和项目主管部门实时反馈项目实施情况，定期开展绩效执行评价。

项目资金分配充分落实《内蒙古自治区国土空间生态修复治理项目和专项资金管理办法》（内自然资字〔2020〕28 号）、《乌梁素海流域山水林田湖草生态保护修复试点工程实施方案》（巴财建规〔2019〕2 号）资金分配方案细则。同时相关管理办法和实施细则规定了市政府及各职能部门需在各自职能范围内，开展相应项目资金的统筹、整合及管理工作。

资金分配职能细化为市政府承担各类资金管理的主体责任；财政部门主要负责资金的筹集、整合和管理；自然资源部门主要负责对口部门相关资金的争取和项目的推进实施；生态环境部门主要负责对口部门相关资金的争取和相关项目的督促指导；发展和改革委员会、住房和城乡建设局、水利局、农牧局、林业和草原局等其他市直相关部门，按照各自职能向上争取对口部门的相关资金，并负责有关资金整合和项目的推进落实。

资金管理方案以《乌梁素海流域山水林田湖草生态保护修复试点工程实施方案》（巴财建规〔2019〕2 号）中生态修复和环境改善等公益事业为导向，按照"统一规划、分局负担、统筹使用、综合考评"的原则，将各类资金统筹用于工程建设，形成了一套以公益方向为主导，事权划分合理、统筹集中使用的资金分配机制。

2）分配结果合规、合理。

乌梁素海流域山水林田湖草生态保护修复试点工程共包括七大重点项目，总预算 50.86 亿元。七大项重点工程投资估算比例如图 5-1 所示，其中沙漠综合治理工程——沙，占总投资额的 12.64%；矿山地质环境综合整治工程——山，占总投资额的 16.48%；水土保持与草原植被修复工程——林草，占总投资额的 10.13%；河湖连通与生物多样性保护工程——水，占总投资额的 23.32%；农田面源及城镇点源污染综合治理工程——田，占总投资额的 22.81%；乌梁素海湖体水环境保护与修复工程——湖，占总投资额的 11.44%；生态环境物联网建设与管理支撑占总投资额的 3.18%。

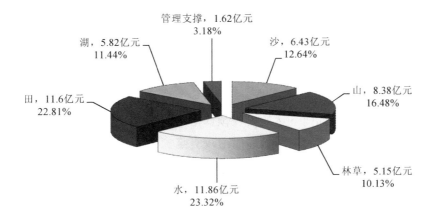

图 5-1　山水林田湖草投资估算

乌梁素海山水林田湖草修复试点工程围绕流域内沙漠、矿山、林草、农田、湿地、湖、水等生态要素开展系统治理，资金使用和管理遵循并坚持公益方向、划分事权合理、统筹集中、资金安排公开透明的原则。在前期治理的基础上，分时间、分步骤、分区域进行项目资金的合理分配，以推动乌梁素海流域生态环境持续改善、解决生态系统突出问题为目标，对 7 项试点工程资金分配进行合理规划，为区域生态修复和绿色高质量发展提供坚实基础。

5.2　项目管理评价

项目管理评价主要包括资金到位评价、资金管理评价、组织实施评价三部分内容。

①资金到位评价主要评价省级和地方资金拨付和到位的及时性和是否足额到位；

②资金管理评价主要评价资金使用过程中是否存在违规情况；

③组织实施评价主要对试点工程组织机构、项目管理和监测监管机制 3 个方面进行评价。

5.2.1　资金到位评价

（1）评价标准

省级资金：资金全部、及时到位。

地方资金：资金全部、及时到位。

（2）评价依据

目前，项目资金已到位 50.86 亿元，其中，中央奖补资金 20 亿元、自治区配套资金 13.13 亿元、市、旗（县、区）配套资金 16.12 亿元［市本级 11.7 亿元、旗（县、区）2.04 亿元、整合各类资金

2.38 亿元]、社会资本 1.61 亿元。

省级资金：20 亿元中央资金全部到位，均在一个月内及时拨付；

地方资金：地方整合资金 30.86 亿元足额到位，经核实，其中，地方自筹资金实际到位 29.25 亿元，社会资本 1.61 亿元。

5.2.2　资金管理评价

（1）评价标准

①资金使用：不应存在虚列（套取）成分，支出依据不合规，截留、挤占、挪用，超标准开支等内容。

②财务管理：资金管理、费用支出等财务制度健全，能严格执行制度，会计核算规范。

（2）评价依据

1）资金管理主管部门和地方工程子项目主管部门无虚列项目支出、截留、挤占、挪用和超标开支情况。

项目承担单位依据资金主管部门下达的资金预算指标提出申请资金使用计划，经由全过程管理公司审核相关手续后由项目主管部门确认，最后由政府监管机构审批下达支付指令，经财政部门支付系统拨付资金。主管部门及地方工程子项目主管部门资金支出受全过程管理公司监管，支出依据及基本信息具备完整性、真实性、准确性和合规性，各项资金使用及分配按规定进行公开，接受社会监督，无违规、虚列项目支出、截留、挤占、挪用和超标准开支情况。

2）资金管理主管部门及地方工程子项目主管部门资金管理、费用支出等制度健全，无会计核算失误问题。

经核对，资金管理主管部门具备供应资金管理、费用支出等制度，地方工程子项目与市级主管部门资金管理、费用支出等制度保持一致；项目无会计核算失误问题。

5.2.3　组织实施评价

（1）评价标准

1）组织机构：明确了牵头部门，建立了各部门分工协作的协调机制；协调机制召开了协调会议，各部门分工明确。

2）项目管理：制定了相关项目管理办法等管理制度，制度合规、合理；严格执行项目管理制度。

3）监测监管机制：建立了项目监测监管相关制度（如工程安全、质量、进度控制制度等）；开展了项目实施全程监测监管；已及时向财政部、自然资源部备案实施方案；严格执行定期报告制度，按时报送工程进展情况。

（2）评价依据

1）组织机构评价。

组织机构健全。乌梁素海流域山水林田湖草生态保护修复试点工程由市政府牵头，建立了包括总指挥部及各工作组、内蒙古乌梁素海流域投资建设有限公司（SPV 公司）、市、旗（县、区）行业主管部门在内的一套责权一致、运转有效的架构运作推进系统。

巴彦淖尔市政府授权内蒙古淖尔开源实业有限公司（以下简称淖尔公司）为试点工程项目的第一责任主体（试点工程项目的建设单位），代表市政府履行业主职责，负责项目的组织实施、建设推进和监督管理。该项目实行市场化运作模式，淖尔公司根据市政府授权与中标投资人组建专项基金，专项基金与中标投资人成立 SPV 公司。SPV 公司是试点工程项目的实施主体单位，主要负责项目的投融资、建设、运行和移交等工作（图 5-2）。

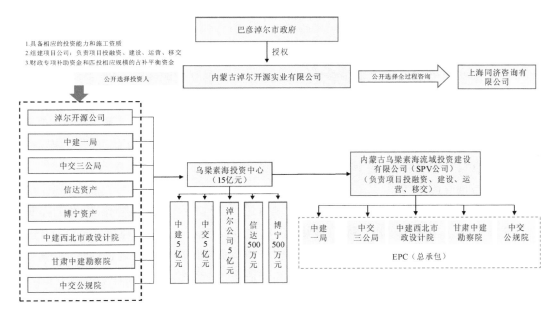

图 5-2 项目总体组织框架

巴彦淖尔市人民政府办公室为进一步加强统筹协调，形成工作合力，推进完成乌梁素海流域山水林田湖草生态保护修复试点工程实施方案明确的目标任务，建立了巴彦淖尔市推进乌梁素海流域山水林田湖草生态保护修复试点工程联席会议制度。

联席会议的工作职责是统筹协调推进乌梁素海流域山水林田湖草生态保护修复试点工程，明确各部门的职责和任务，研究和协调推进过程中遇到的重大问题，加强对相关工作的指导、监督和评估。加强地方、部门和企业之间推进乌梁素海流域山水林田湖草生态保护修复试点工程方面的信息沟通和相互协作，及时向巴彦淖尔市委、市政府和自治区有关部门报告有关项目的实施进展情况，研究提出政策措施建议。统筹调度项目进展情况，协调部门之间的相关工作。

联席会议成员由巴彦淖尔市乌梁素海流域山水林田湖草生态保护修复专项工作组、乌拉特前旗人民政府、磴口县人民政府、巴彦淖尔市财政局、巴彦淖尔市自然资源局、巴彦淖尔市生态环境局、巴彦淖尔市发展和改革委员会、内蒙古河套灌区管理总局、巴彦淖尔市水利局、巴彦淖尔市林业和草原局、巴彦淖尔市农牧局、巴彦淖尔市住房和城乡建设局、淖尔开源公司、上海同济咨询有限公司等部门和单位组成，并明确各部门主要负责人员。联席会议下设办公室，设在巴彦淖尔市自然资源局，由市自然资源局分管领导任主任，由各单位派专职工作人员组成，承担联席会议日常工作，并明确组成人员的职责。

联席会议办公室各单位、各部门职能职责关系梳理如下：

①淖尔公司。

淖尔公司是政府授权的试点工程第一责任主体，代表市政府履行业主职责，负责试点工程全方位、全过程的统一管理。要进一步增加项目管理人员，全面加强 35 个子项目的组织实施、建设推进和监督管理；定期组织实施单位、全过程咨询单位、施工单位、行业主管单位研究解决试点工程推进过程中出现的问题；督促各实施单位、全过程咨询单位、施工单位、监理单位加快工程进度，倒排工期、挂图作战，确保项目全面完工；监督各子项目的单元工程验收、分部工程验收、单位工程验收，组织相关行业主管部门进行初验；全面启动创优争优，协调第三方尽快开展工作，帮助查找试点工程实施过程中存在的问题，提出有效的解决办法，做好国家验收准备。

②SPV公司。

SPV公司是试点工程的实施主体单位，主要负责试点工程的投融资、建设、运营和移交等工作。负责对全过程咨询公司提出明确的项目管理目标和要求，监督其履职情况并进行严格的考核；负责按照施工进度及时、足额向施工单位拨付工程进度款；监督管理施工单位的施工合同执行情况，因违规转包、分包影响竣工验收的，责令其限期整改；督促全过程咨询单位、施工单位、监理单位加快工程进度，倒排工期、挂图作战，确保项目全面完工；负责组织工程进度、质量、投资、安全文明施工、合同、资料和信息管理，组织内部验收和移交管理工作。

③上海同济咨询有限公司。

上海同济咨询有限公司受SPV公司的委托对项目进行全过程工程咨询服务，提供工程前期咨询、招标代理、造价咨询、项目管理和工程监理服务，对项目设计、施工、监理等资质进行把关。

作为全过程工程咨询单位，上海同济咨询有限公司负责前期决策及策划咨询管理、规划及设计咨询管理，编制高质量、科学合理的研究、策划和评估报告，组织各子项目的设计编制工作；负责施工前准备咨询管理、施工过程咨询管理，对施工单位现场施工进行全过程管理和监督，督促施工单位、监理单位加快工程进度，倒排工期、挂图作战，确保2021年6月30日前全面完工；负责竣工验收及移交咨询管理、保修及后评估咨询管理，协助SPV公司开展验收和移交管理工作，做好国家验收准备工作。

作为监理单位，要做好试点工程各子项目的监理工作，负责工程实施的进度、质量、投资、安全控制、合同管理、信息管理及组织协调等全过程管控。实现项目批复文件和设计文件中规定的各项工程、技术、效益指标的控制；严格按照监理程序、监理依据，对工程实施进行检查、验收；积极配合有关部门进行单位、单项及竣工验收等工作；做好有关监理记录和监理资料的收集、汇总及整理工作，统一归档；对竣工资料进行审查，协助做好检查验收工作。

④市自然资源局。

根据市指挥部分工安排，成立专项组，建立联席会议制度，办公室设在市自然资源局。负责协调联络各参建单位，汇总相关数据和进展情况上报；收集工程实施问题议题和筹备召开联席会议，协助专项组开展调研督查等工作任务；负责监督项目实施单位对试点工程的实施，督促建设单位对会议议定事项的落实及督查发现问题的整改情况，全面梳理问题清单，及时上报专项组，下发整改责任清单及整改通知；负责做好与自然资源厅和自然资源部的沟通联系工作。

⑤市生态环境局。

按照环境影响评价相关法律法规，负责试点工程项目的环境影响评价工作审批；在工程建设期间，监督指导建设项目工程环境保护情况，重点检查项目污染防治制度、措施及设施建设落实情况；督促试点工程项目建设单位在建设污染防治设施时，必须与主体工程同时设计、同时施工、同时投产使用；督促试点工程建设单位完成项目竣工环境保护验收工作，合格后建设项目方可投入生产或者使用；负责提供项目涉及水生态环境考核要求及水质监测结果，配合完成试点工程项目绩效评估考核工作；负责做好与生态环境厅和生态环境部的沟通联系工作。

⑥市财政局。

负责试点工程资金的筹集和管理，配合市直相关部门争取资金，按照《试点工程资金拨付流程》的要求，及时将资金拨付到位；负责对专项资金使用情况进行监督检查，重点检查资金使用、资金管理等情况，对资金使用中存在的问题，督促项目单位限期整改；牵头做好项目绩效管理组织指导工作，负责对治理资金使用、项目实施情况的绩效评价和监督检查，督促项目建设单位强化资金使用和项目管理，落实绩效管理各项要求。负责做好与财政厅和财政部的沟通联系工作。

⑦行业主管单位。

负责项目实施的行业指导、监督；参加实施方案、可研和设计等的评审工作；负责组织项目的各种审批，负责办理核准项目的申请立项、用地预审、规划许可、施工许可等行政审批许可事宜；在淖尔公司、SPV 公司的统一组织下，严格按照"六个好"的标准，对本行业项目进行内部验收和竣工验收；协助 SPV 公司组织项目实施。

⑧相关旗（县、区）。

负责协调处理工程施工涉及的征地、拆迁及社会矛盾纠纷；协调推进核准立项、用地预审、规划许可、施工许可等行政审批的办理；组织项目所需水、电配套供应，安排施工材料及设备机具的运输通行；协调项目行业主管单位开展施工技术指导；协调项目所在地办理工程安全质量监督备案、验收，做好行政执法和治安、卫生等各项社会管理工作，保证工程顺利实施，确保项目全面完工。

联席会议制定了工作规则及工作要求，形成"部门协调，内蒙古淖尔开源公司为责任主体抓落实"的工作责任机制。

2019 年 7 月至 2021 年 11 月，共召开 13 次联席会议，由乌梁素海流域山水林田湖草生态保护修复试点工程联席会议办公室发布会议纪要。会议上，逐一指出各项目存在的问题及解决方式，督促各分管部门及施工单位保质保量完成相关工程。出席人员符合联席会议制度的要求。

2）项目管理评价。

建立健全了项目管理制度，并严格执行。内蒙古自然资源厅、内蒙古财政厅联合制定了《内蒙古自治区国土空间生态保护修复治理项目和专项资金管理办法》，巴彦淖尔市山水林田湖草生态保护修复试点工程联席会议办公室制定了《乌梁素海流域山水林田湖草生态保护修复试点工程项目管理办法》，上述项目管理办法符合《财政部 国土资源部 环境保护部关于推进山水林田湖生态保护修复工作的通知》（财建〔2016〕725 号）、《重点生态保护修复治理资金管理办法》（财建〔2019〕29 号）和《乌梁素海流域山水林田湖草生态保护修复试点工程实施方案》（巴财建规〔2019〕29 号）等有关法律、法规和政策，切合项目建设目标任务、功能作用、质量标准、成本效益等。

未严格执行相关项目管理制度，招投标发现一处不规范。

经核，巴彦淖尔市生态环境局负责的 4 个项目未严格按照政府招投标的方式进行，而是自主选择单一来源的采购方式指定一家公司为施工方，未严格执行招投标管理制度。

3）监测监管机制评价。

省级部门未按照绩效监控要求建立有效的监管机制。省级自治区自然资源厅和财政厅印发的《内蒙古自治区国土空间生态保护修复治理项目和专项资金管理办法》及联席会议办公室印发的《乌梁素海流域山水林田湖草生态保护修复试点工程项目管理办法》中未围绕工程安全、质量、进度控制制度等方面制定相关监测监管制度。

上海同济咨询有限公司编制了《乌梁素海流域山水林田湖草生态保护修复试点工程项目管理

手册》，作为市级单位项目管理机制，围绕工程安全、质量、进度控制等方面制定相关监测监管制度。

开展实施了项目全过程监测监管工作。自治区自然资源厅采取实地调研督导等方式对项目开展不定期的实地全过程监管，市级单位聘请第三方监理公司同济咨询公司对项目进行全过程监测监管。

向财政部、自然资源部及时备案实施方案，严格执行报告制度。试点工程及时向财政部、自然资源部备案实施方案；试点工程主管部门及相关责任单位严格执行定期报告制度，按时报送自评报告及自评表格。

第6章 产出数量评价

根据设计和实施方案、设计变更等内容，核对实际完成工程量与预设的工程量。截至 2021 年 11 月，以现场调研、资料收集、施工单位验收等形式，得出的各项目工程产出数量情况如下。

6.1 沙漠综合治理工程

为减少沙漠化土地面积，减缓土地沙漠化进程，同时保护沙区生态系统，缓解沙区地下水资源采补不均衡的问题，项目组对乌兰布和沙漠进行综合治理，建立起牢固的防风治沙屏障，有效提升"北方防沙带"生态系统服务功能，保障黄河中下游水生态安全。

6.1.1 工程概况

沙漠综合治理工程包括乌兰布和沙漠防沙治沙示范工程和乌兰布和沙漠生态修复示范工程。

项目区地处磴口县乌兰布和沙漠，地理位置在东经 106°41′～106°54′、北纬 40°10′～40°16′，主要涉及磴口县的防沙林场巴彦高勒镇、沙金套海苏木以及中国林业科学研究院沙漠林业实验中心等。防沙治沙示范工程造林作业区集中分布于磴口县巴彦高勒镇沙拉毛道村、县防沙林场作业区以及沙漠林业实验中心场外部分地区，共计 11 个地块，总面积 56 370 亩。其中，非种植区面积 8 161 亩，种植区面积 48 209 亩。土地利用现状基本为沙地，部分为灌木林，少量为未成林地和水面。生态修复示范工程共 9 个地块，总面积 52 314 亩，其中，可接种肉苁蓉地块面积为 35 110 亩。总投资 6.43 亿元。

6.1.2 工程内容

（1）乌兰布和沙漠防沙治沙示范工程

营造林工程：地块面积 56 370 亩，包括非造林面积 8 161 亩、造林面积 48 209 亩。造林面积中包含新造林面积 41 640 亩、补植补造面积 6 569 亩。共种植苗木 14 086 255 株，包括落叶乔木 8 980 株、落叶灌木 14 075 871 株、常绿灌木 1 404 株。播植种子 301 kg。设置沙障 44 348 亩，穴状整地规模为 7 066 221 个。使用保水剂 281 725.4 kg、生根粉 28.16 kg、有机肥 628 410 kg。

综合治理展示区面积 709.37 亩，包括沙障展示区 326.87 亩、苗木展示区 382.5 亩。设置宣教设施，包括 2 座观景台、4 个宣教展示牌、2 个小型生态停车场。在造林作业区外围设置高 1.5 m、长 26.7 km 的机械围栏。

引水工程：新建取水头部 1 座，新建引水泵站 1 座，设计取水流量 1.0 m³/s。泵站装机 3 台，其中，1 台为二期灌溉预留机位，单机额定流量 0.5 m³/s。额定工况运行时 1 台工作，1 台备用。厂区净用地面积 2 590.0 m²，总建筑面积 830.79 m²，厂区设置加压泵房、配电室、吸水井、辅助用房。压力管道总长 2.93 km。新建泵站出水池（一级水池）1 座（300 m³），新建输水重力流主管线 16.85 km，新建输水支管道 14.56 km，建二级水池 31 座（200 m³）。

北滩变电所至泵站厂区新建 10 kV 架空线路 15 km，1 250 kV·A 变压器 1 台。工程区内新建 10 kV

架空线路 40 km，50 kV·A 变压器 31 台，30 kV·A 变压器 2 台。

灌溉工程：主干管采用 De250 mm 的 PE 管材，长 77.955 km。分干管采用 De110 mm 的 PE 管材，长 271.502 km。支管采用 De63 mm 的 PE 管材，长 353.034 km。毛管采用 De16 mm 的 PE 盘管，长 8 740.574 km。灌水器采用压力补偿式滴头，共 1 741.454 8 万个。新建 18 m² 泵房 31 座，1.8 m 直径和 1.2 m 直径阀门井共 89 座，1.0 m 直径排水井 1 157 座。

防火通道道路工程：防火通道面层采用 4 cm 细粒式沥青混凝土。1#防火通道总长 7.407 km，2#防火通道总长 6.613 km，3#防火通道全长 18.945 km，路基宽 8.5 m，路面宽 7.0 m，两侧设 2 m×0.75 m 的路肩。

作业道工程：作业道全长 124.09 km，为砂石路面。作业道主干线路基宽 8 m，路面宽 6 m，长 51.61 km。作业道支线路基宽 6 m，路面宽 4 m，长 77.48 km。

（2）乌兰布和沙漠生态修复示范工程

1）现有梭梭林接种工程。

现有梭梭接种肉苁蓉滴灌补贴配套面积为 3 万亩，本项目补贴费用主要用于滴灌的材料 350 元/亩，安装机械费为 100 元/亩，安装人工费为 150 元/亩，每亩补贴 600 元。

2）新造梭梭林接种工程。

地块面积 52 314 亩，包括非接种面积 12 275 亩、梭梭接种肉苁蓉面积 40 039 亩。播种肉苁蓉种子 1 201.17 kg，开挖接种沟 11 656 520 m，打冲接种穴 1 636 428 个。使用科技措施，包括使用保水剂 4 003.90 kg、生根粉 2.00 kg、有机肥 6 110 500 kg。

3）抚育管理。

肉苁蓉接种后的抚育管理主要是通过对其寄主梭梭的抚育管理来实现，每年应根据降水量及梭梭林的生长状况，在干旱时对梭梭林保证浇水量，尤其是在夏季炎热时要灌足水，并施入一定量腐熟的有机肥，切忌使用化肥，以保证肉苁蓉品质。同时，注意防治梭梭白粉病、梭梭根腐病等病虫鼠害，加强人工看护，防止人畜破坏。

6.2　矿山地质环境综合整治工程

工程主要包括矿山地质灾害治理、矿山环境治理、矿山生态修复，采取防护堤导流、"泥石流物源镇压+清理平整+三联防护技术（3S-OER）+动态监测"措施。其中，地质灾害治理采取崩塌体清理→防护堤导流→泥石流物源镇压清运→生态修复措施，达到消除地质灾害的目的；矿山环境治理采取削坡、清理→整平、覆土→生态修复措施，达到恢复地貌景观和土地使用功能的目的；矿山生态修复采取三联防护技术，即通过物理防护→抗蚀防护→生态修复，达到恢复矿山植被、保持水土、防风固沙的目的。

通过实施地质环境综合整治工程，减少占用破坏土地面积，恢复自然地形地貌，恢复地表植被，能有效提高林草植被覆盖度，提高土壤的涵养能力，减少水土流失，控制扬沙扬尘，避免山体滑坡、坍塌，消除次生地质灾害发生，强化乌拉山、扎尔泰山和白云常和山生态屏障功能，使其成为西北部与华北部控制沙害风害的重要防御区。该工程的实施对修复乌梁素海流域生态系统结构、提高黄河生态服务功能具有不可替代的作用。

6.2.1　工程概况

矿山地质环境综合整治工程，即乌拉山南北麓矿山环境治理与生态修复工程，包括乌拉山北麓铁矿区矿山地质环境治理项目，乌拉山南侧废弃砂坑矿山地质环境治理项目，乌拉山小庙子沟崩塌、泥石流地质灾害治理项目和内蒙古乌拉特前旗大佘太镇拴马桩—龙山一带废弃石灰石矿山地质环境治理项目，共四大工程，总投资 8.38 亿元。

（1）乌拉山北麓铁矿区矿山地质环境治理工程

乌拉山北麓铁矿区矿山地质环境治理项目共包含 15 个治理区，中国建筑一局（集团）有限公司单独负责十四公里处治理区、公忽洞治理区、公沙公路两侧治理区、大坝沟西治理区和水泉沟治理区共 5 个治理区；中交第三公路工程局有限公司单独负责三老虎沟治理区、桃儿弯治理区、外围"绿盾"点治理区、黄土窑治理区、哈拉哈达治理区、柏树沟治理区、哈达门治理区、海流斯太治理区和麻泥沟、甲浪沟治理区共 9 个治理区，中国建筑一局（集团）有限公司和中交第三公路工程局有限公司共同负责乌尔图沟治理区。乌拉山北麓铁矿区矿山地质环境综合整治工程区域内共有无责任主体露天采坑 720 个，废石（渣）堆 1 128 个，工业广场 6 个，占用损毁土地面积 7.28 km²。

（2）乌拉山南侧废弃砂坑矿山地质环境治理工程

乌拉山南侧废弃砂坑矿山地质环境治理项目共包括三大治理工程，分别是乌拉山南侧废弃砂石坑矿山地质环境治理工程、乌拉山南侧废弃砂石坑矿山地质环境治理项目（刁人沟治理区治理工程）和乌拉山南侧废弃砂石坑矿山地质环境治理项目（刁人沟河道整治工程）。乌拉山南侧废弃砂石坑治理区内共存在露天采坑 46 个，废石（渣）堆 26 个，占用和破坏土地总面积约 2.1 km²，全部为无责任主体治理区。

（3）乌拉山小庙子沟崩塌、泥石流地质灾害治理工程

乌拉山小庙子沟崩塌、泥石流地质灾害治理工程主要任务是对其不稳定边坡、易发生崩塌地区、泥石流地区进行治理。乌拉山小庙子沟地质环境治理区位于内蒙古自治区巴彦淖尔市乌拉特前旗白彦花镇乌日图高勒苏木境内，行政隶属乌拉特前旗白彦花镇，其地理坐标为东经 109°11′22″～109°15′18″、北纬 40°37′30″～40°41′06″。

（4）内蒙古乌拉特前旗大佘太镇拴马桩—龙山一带废弃石灰石矿矿山地质环境治理工程

内蒙古乌拉特前旗大佘太镇拴马桩—龙山一带废弃石灰石矿矿山地质环境治理工程，共破坏土地面积 1.84 km²，形成露天采坑 229 个，废石（渣）堆 336 个，工业广场 64 个，全部为无责任主体治理区。该治理区位于乌拉特前旗大佘太镇东北侧 4.5～10 km 处，行政区划隶属内蒙古自治区巴彦淖尔市乌拉特前旗大佘太镇。

6.2.2 工程内容

（1）乌拉山北麓铁矿区矿山地质环境治理工程

工程内容：乌拉山北麓铁矿区矿山地质环境综合整治工程区域内共有无责任主体露天采坑 720 个，废石（渣）堆 1 128 个，工业广场 6 个，占用损毁土地面积 7.28 km²。考虑到治理区地质环境恢复治理的自然地理条件，最终采取以工程措施为主的治理方法。工程措施主要是清除危岩体、回填（清理）、拆除、整平、覆土、自然恢复植被，可分阶段，结合治理区实际条件逐步实施，从根本上消除治理区地质环境隐患，使被破坏的土地恢复原有的地貌景观和生态功能。

（2）乌拉山南侧废弃砂坑矿山地质环境治理工程

乌拉山南侧废弃砂石坑治理区主要治理内容为治理露天采坑 46 个、废石（渣）堆 26 个，对刁人沟 G6 高速大桥至包兰铁路桥上游约 250 m 段河道疏浚约 1.535 km，重建或新建沟道格宾网石笼护岸工程 1.535 km（双侧），新建沟道过水路面工程 1 座。根据矿山地质环境治理的指导思想与治理

工作设计原则，并结合治理工程实际情况，乌拉山南侧废弃砂坑矿山地质环境治理工程措施主要是拆除砌体、渣堆清理、清理坡面、回填、垫坡、削坡、清除危岩体、设置挡墙、砌体护坡、修建便道、覆土、土（石）方平整、撒播草籽、疏浚沟道主槽，重建或新建沟道格宾网石笼护岸工程和新建沟道过水路面工程1座，确保河道行洪安全和岸坡的稳定并竖立标志牌。

（3）乌拉山小庙子沟崩塌、泥石流地质灾害治理工程

乌拉山小庙子沟崩塌、泥石流地质灾害治理工程主要任务是对其不稳定边坡、易发生崩塌地区、泥石流地区进行治理。

1）对在治理区内存在崩塌地质灾害隐患的7段边坡，采用削坡、清除危岩体、修筑挡墙等方式进行整治，确保消除崩塌地质灾害，整治崩塌治理工程量为87 647 m³。

2）对区内河道疏导整治292 314 m³，使河道行洪能力达到20年一遇，修筑格宾网石笼拦挡坝34 064.34 m³、格宾网石笼护岸226 871.78 m³，并采取在下游设置停淤场151 572.3 m³等措施进行防治，消除泥石流地质灾害隐患。

3）对新建堤防的岸坡进行整形清理2 701 m³，通过实施绿化等措施恢复地形地貌景观。

4）对治理区内小庙子沟瀑布进行景观提升，对瀑布进行筑坝抬高，提高落差，在瀑布下游50 m处设置截伏流工程，新建1#蓄水池并铺设输水管道，将截留地表水通过管道引入下游2#蓄水池。

5）对区内已有便道进行维护、修缮，新建过水路面140 m²，保证道路畅通。

6）对林草恢复区布设喷灌系统，局部地段撒播草籽28.07 hm²。

7）设置8个标志牌和1个工程说明碑，标志牌上应标注治理区名称、施工时间等，以示说明。

8）安装5套泥石流地质灾害监测设备，对崩塌、泥石流治理区域进行监测。

（4）内蒙古乌拉特前旗大佘太镇拴马桩—龙山一带废弃石灰石矿矿山地质环境治理工程

内蒙古乌拉特前旗大佘太镇拴马桩—龙山一带废弃石灰石矿矿山地质环境治理工程，共破坏土地面积1.84 km²，形成露天采坑229个，废石（渣）堆336个，工业广场64个，全部为无责任主体治理区。治理工程主要内容为拆除工程、采坑周边固体废物堆清理、清除危岩体、回填、土质边坡削放坡、垫坡、尾砂堆碎石覆盖、尾砂堆集中堆放、整形、整平、覆土和撒播草籽等。

6.3 水土保持与植被修复工程

通过对工程所在水土流失地区进行治理，从源头带、过程带、湖滨带进行控制，减少入湖泥沙量，削减入湖污染物量，实现"清水产流"的目标，对改善入湖水质具有重要的现实意义，也对构建乌梁素海水土资源及生态系统的和谐发展具有深远的战略意义（图6-1）。

6.3.1 工程概况

乌梁素海周边水土保持与植被修复工程包括乌梁素海东岸荒漠草原生态修复示范工程、湖滨带生态拦污工程、乌拉特前旗乌拉山南北麓林业生态修复工程和乌梁素海周边造林绿化工程共四大工程。

项目实施地点：项目区地处乌拉特前旗的乌梁素海周边（主要是东北岸）及乌拉山南北麓，面积共计26.02万 hm²。地理位置在东经108°37′～109°41′，北纬40°41′～41°16′。主要涉及乌拉特前旗的四个镇苏木，即大佘太、明安、小佘太三个农区镇及额尔登布拉格一个牧区苏木。投资估算5.15亿元。

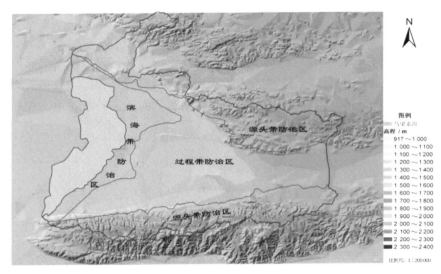

图 6-1　水土保持防治分区

6.3.2　工程内容

（1）乌梁素海东岸荒漠草原生态修复示范工程

项目区总面积 6 万亩，沿乌梁素海东岸西佘线两侧分布，范围为西佘线路两侧小山嘴至乌梁素海二点段草原区域，根据乌梁素海周边荒漠草原的实际情况，结合当地地形、地貌及气候特点，采取禁牧围封、飞播和人工播种的方式，同时配套建设灌溉系统，对项目荒漠草原进行生态修复，具体建设内容包括灌草植物播种工程、灌溉系统、围栏围封、草原养护。

（2）湖滨带生态拦污工程

治理总面积约 890.28 hm²，其中，风沙治理区设置防风固沙灌木林，林下人工种草；河道、滩涂经土地整治后种植乔灌混交林；靠近村镇、景区地段设置部分景观林美化环境。

主要包括灌丛种植、草被种植、新建围栏等工程，同时还针对现有鱼塘进行人工湿地的构建。

（3）乌拉特前旗乌拉山南北麓林业生态修复工程

项目区实施营造林植被生态修复 33 000 亩。其中，人工造林 23 000 亩，飞播造林 10 000 亩。共铺设地下供水管道 45.2 万 m，地上给水管道 339.58 万 m，修建作业道路 168.6 km，配套机电井 5 眼，修建 2 000 m³ 蓄水池 1 座，1 000 m³ 蓄水池 1 座，建防护围栏 9.4 万 m。

（4）乌梁素海周边造林绿化工程

通道绿化建设区位于乌拉特前旗八排干、百叶壕、渔场三分场、新安农场八分场，绿化总长度约 13.6 km，面积 124.98 亩，管网敷设长度总计 13.09 km，换土 10.03 万 m³。村屯绿化建设区位于新安农场六分场、新安农场八分场、小泉子村、瓦窑滩、马卜子、阿日齐嘎查、白彦花嘎查，绿化面积总计 98.42 亩，管网敷设长度总计 10.43 km，换填种植土 2.37 万 m³。

6.4　河湖连通与生物多样性保护工程

通过对现有一排干到九排干和总排干 10 条排干沟的深度净化，以及八排干、九排干、十排干人工湿地修复与构建，共修复湿地面积 1 513 hm²，改善了水动力条件，提升了水循环，净化了入湖水质。通过乌梁素海湖区生态补水工程，全年补水 3.0 亿 m³。

6.4.1 工程概况

河湖连通与生物多样性保护工程包括乌梁素海流域排干沟净化与农田退水水质提升工程，九排干人工湿地修复与构建工程，八排干、十排干人工湿地修复与构建工程，乌拉特前旗大仙庙海子周边盐碱地治理及湿地恢复工程，生物多样性保护工程，乌梁素海生态补水通道工程和乌梁素海海堤综合整治工程7个子项目，总投资11.86亿元。

6.4.2 工程内容

（1）乌梁素海流域排干沟净化与农田退水水质提升工程

1）总排干等沟道清淤整治工程：总排干沟、一排干沟、二排干沟、三排干沟、义通排干沟、皂沙排干沟、六排干沟、七排干新沟、七排干旧沟、八排干沟、九排干沟、十排干沟；

2）斗农毛沟清淤整治工程：10条支沟、80条斗沟、58条农沟、809条毛沟，配套建筑物453座，拆除旧建筑物398座；

3）骨干排沟清障疏浚及旁侧湿地连通净化工程：41条分干沟、57条支沟、51条斗沟、1条渗沟、旁侧湿地2处，配套建筑物60座。

（2）九排干人工湿地修复与构建工程

九排干区域构建自然与人工湿地433 hm²，主要工程内容：新建配水渠道5.0 km，配水渠（利用拟建网络水道）底宽30 m，配套分水闸36座，太阳能喷泉曝气机16台，太阳能潜水推流曝气机10台，配药4G控制系统，管理房（设备间、微生物制菌站、管理）1座；新建4座表流人工湿地面积约408 hm²，新建分水坝3.1 km；新建八排干、九排干人工湿地修复与构建项目监测管理房1座。

（3）八排干、十排干人工湿地修复与构建工程

1）八排干人工湿地修复与构建工程内容：八排干区域构建自然与人工湿地633 hm²，新建配水渠道6.5 km，配水渠（利用拟建网络水道）底宽30 m，配套分水闸45座，太阳能喷泉曝气机16台，太阳能潜水推流曝气机10台，配药4G控制系统，管理房（设备间、微生物制菌站、管理）1座；新建6座表流人工湿地面积约597.5 hm²，新建分水坝5.21 km。

2）十排干人工湿地修复与构建工程内容：在十排干沟泵站下游、乌梁素海西海岸苇田与海区界线处，新建6.269 km生态隔离带，形成人工湿地面积约446.7 hm²，降低面源输入湖中的有机物及N、P营养盐的浓度，提高入湖水质，减轻对乌梁素海的污染负荷，提高湖区水质，改变湖水富营养化状态，抑制湖泊沼泽化进程。

（4）乌拉特前旗大仙庙海子周边盐碱地治理及湿地恢复工程

1）一期工程建设内容包括对十排干沟桩号为（22+910～25+210）和（28+787～31+442）段落采取疏浚整治、滤水模袋防塌护砌的工程建设，其总长度为4.955 km。

2）二期工程建设内容：一是对十排干沟桩号为（31+442～33+963）段落和老侯支沟（0+000～6+730）段落采取疏浚整治、滤水模袋防塌护砌、格宾网石笼防塌护砌的工程建设，其总长度为9.251 km；二是对项目区13 700亩盐碱地采取"五位一体"盐碱地综合治理，包括农田水利工程、农业—种植工程、生物改良工程、化学改良工程和物理改良工程；三是通过种植树木进行湿地恢复的建设，种植树种为红柳，种植面积30.5亩。

（5）生物多样性保护工程

工程实施内容主要包括保护区勘界立标、保护补偿协议签署和管理体系建设。

1）保护区勘界立标：形成相关各方认可、准确清晰的边界。

2）保护补偿协议签署：主要将保护区的核心区和缓冲区，以及位于乌梁素海保护区拟定保护区实验区内主湖区周边的苇田、水域、农田和滩涂地，纳入本次补偿的范围。其中，保护区的核心区和缓冲区补偿面积 3 476 hm²，补偿资金总计 2 346.3 万元；实验区内主湖区周边的苇田、水域、农田和滩涂地补偿土地面积 10 909.84 hm²，补偿资金总计 2 291.07 万元。

3）管理体系建设：包括建设补偿工作组、签订保护补偿协议、兑付补偿资金、监督管理和成效评价。

（6）乌梁素海生态补水通道工程

乌梁素海生态补水通道工程包括六部分内容：乌梁素海综合治理生态补水通道工程整治及配套工程、乌梁素海综合治理生态补水通道烂大渠北线疏通整治及建筑物配套工程、乌梁素海综合治理项目北海区输水通道整治及配套建筑物工程、乌梁素海生态补水通道工程凌汛分洪补水通道除险加固工程、黄河水厂水源地农田排水改线及乌梁素海治理生态补水工程应急工程、乌梁素海生态补水通道工程生态补水渠道整治工程。

（7）乌梁素海海堤综合整治工程

按正常蓄水位对海堤现状的高度、宽度进行复核，对乌梁素海海堤安全高度及宽度不足的段落按 2 级堤防标准加高培厚，在原有海堤基础上，对海堤加高培厚至高程 1 021.32 m，内边坡为 1：2.5，外边坡为 1：3.0，堤顶宽度分别为 6.0 m 和 10.0 m。

根据乌梁素海水面大、水深小的特点可知，风浪影响是造成坝坡破坏的主要原因。结合对乌梁素海生态环境的影响，对海堤迎水面坝坡采取防护措施。

为保证乌梁素海的防洪要求以及配套乌梁素海海堤建设，重（新）建汇入口 27 座；新建交叉涵洞 1 座，新建海堤桥梁 5 座，重建海堤桥梁 10 座。各汇入口及交叉涵洞的工程级别均为 2 级，桥梁为二级公路。

6.5　农田面源及城镇点源污染治理工程

通过该项目的实施，主要对项目区的农村生活污水、生活垃圾、畜禽养殖废水、农业面源、城镇生活污水、废水进行治理，使污染物得到大幅削减，有效遏制重污染产业的排污总量，同时初步实现产业结构调整。

6.5.1　工程概况

工程地点：乌梁素海周边地区。

农田面源及城镇点源污染综合治理工程包括农牧业污染减排工程（农业投入品减排工程、耕地质量提升工程、农业废弃物回收与资源化利用工程）、乌梁素海水质提升工程［乌拉特前旗污水处理厂扩建工程、乌拉特前旗乌拉山镇再生水管网及附属设施（第二污水处理厂）工程、乌拉特前旗污水处理厂改造工程、乌梁素海生态产业园综合服务区（坝头地区）污水工程］、湖区周边村落环境综合整治工程（"厕所革命"工程、村镇一体化污水工程、生活垃圾收集和转运点建设工程），共三大类，10 个子项目，投资估算 11.6 亿元。

6.5.2　工程内容

（1）农业投入品减排工程

主要包括智能配肥站建设、减氮控磷和调整种植业结构三个项目。

1）智能配肥站建设项目。

建成智能配肥站 102 家并投入生产，其中，达到验收标准的有 84 家，不达标的有 18 家（杭锦后旗 12 家、五原县 4 家、磴口县 1 家、乌拉特中旗 1 家），已由乌梁素海流域山水林田湖草生态保护修复试点工程兑付补贴资金 420 万元，占投资额的 84%。该项目分布在乌拉特前旗、五原县、临河区、乌拉特中旗、乌拉特后旗、磴口县和杭锦后旗 7 个旗（县、区）66 个乡镇（农场、企业）。

2）减氮控磷项目。

招标采购推广高效复合肥、缓控释尿素、掺混肥、微生物菌肥 57 631.15 t（2019 年为 27 648.03 t、2020 年为 29 983.12 t），施用面积 137.95 万亩。目前，已由山水项目兑付补贴资金 6 951.663 万元，已全部拨付完成。该项目分布在乌拉特前旗、五原县、临河区、乌拉特中旗、磴口县和杭锦后旗 6 个旗（县）61 个乡镇（苏木、农场）。

3）调整种植业结构项目。

投资 500 万元，在乌梁素海周边乡镇建立中药材、优质牧草、杂粮杂豆等低耗水、低耗肥和不覆膜的特色优质农作物示范区 11.1 万亩，由山水项目列支，其中，投资 150 万元，补贴叶面肥 87.095 t，应用面积 3 万亩；投资 350 万元，补贴国标地膜 350 t，应用面积 8.139 7 万亩。目前，全部补贴资金已兑付完成。该项目分布在乌拉特前旗 15 个乡镇（农场、合作社）79 个实施片。

（2）耕地质量提升工程

主要包括增施有机肥、耕地深松和水肥一体化三个项目。

1）增施有机肥项目。

采购有机肥 66 674 t（2019 年为 35 895 t、2020 年为 30 779 t），推广面积 10.28 万亩（2019 年为 5.36 万亩、2020 年为 4.92 万亩）；建设纳米膜耗氧发酵有机肥生产设施 100 套，生产有机肥 7.3 万 t 以上，推广面积 7.5 万亩以上。该项目分布在乌拉特前旗、五原县、临河区和杭锦后旗，涉及 40 个乡镇（农场、企业）。

2）耕地深松项目。

完成耕地深松作业面积 38 万亩（2018—2019 年为 23 万亩、2020 年为 15 万亩）。该项目分布在乌拉特前旗，涉及 12 个苏木（镇、农场、企业）。

3）水肥一体化项目。

建设水肥一体化示范工程 15.14 万亩，完成投资 22 702.12 万元，其中，整合国家高效节水和盐碱地高标准农田建设项目实施面积 4.47 万亩，山水项目资金核定实施面积 10.67 万亩（乌拉特前旗 3.26 万亩、五原县 4.58 万亩、临河区 0.9 万亩、杭锦后旗 0.36 万亩、磴口县 1.57 万亩）。

（3）农业废弃物回收与资源化利用工程

主要包括农药包装废弃物回收、农田残膜回收、农作物秸秆资源化利用、畜禽粪污资源化利用四个项目。

1）农药包装废弃物回收项目。

农药包装废弃物回收与处理补贴项目：投资 1 200 万元，对农药包装废弃物回收和处理进行补贴，资金全部从山水项目中列支。一是投资 800 万元，按照 13 元/kg（回收补贴 7 元/kg，转运补贴 3 元/kg，追溯码补贴 3 元/kg）的标准对农药包装废物进行回收。目前，已回收农药包装废弃物 684.7 t（2019 年回收 383 t、2020 年回收 301.7 t），实现应收尽收。二是按照 5 990 元/t 的标准，对回收的农药包装废弃物进行无害化处理，投资 400 万元。

农药包装废弃物区域集中回收中心建设项目：投资 580 万元，建设 58 个乡镇级农药包装废弃物回收点（临河区 11 个、杭锦后旗 10 个、五原县 11 个、磴口县 5 个、乌拉特中旗 7 个、乌拉特前旗 11 个、乌拉特后旗 3 个），补贴标准 10 万元/个，资金全部从山水项目费用中列支。投资 1 999.7 万元，包含两项建设内容，一是建设 6 家旗（县、区）农药包装废弃物区域集中回收中心。二是配套建设农业投入品全程可追溯管理信息平台，对农业投入品生产、销售、使用和包装废弃物回收实现全程可追溯管理。

2）农田残膜回收项目。

残留农膜回收补贴项目：总投资 3 931.25 万元，完成 402 万亩（2018 年为 75 万亩、2019 年为 187 万亩、2020 年为 140 万亩）的残膜回收作业补贴，补贴标准为 13.25 元/亩。

农膜废弃物处理厂建设项目：投资 2 302 万元，建设 1 座年处理 0.5 万 t 的残膜处理厂。

3）农作物秸秆资源化利用。

秸秆颗粒饲料加工厂建设项目：投资 1 182.9 万元，建设 9 家年生产 5 000 t 的农作物秸秆颗粒饲料加工厂。

青贮玉米饲料建设项目：投资 494.7 万元，建设 26 800 m^3 青贮池，年处理青贮玉米 16 000 t。

秸秆收储运服务基地建设项目：投资 1 285.6 万元，建设 12 个收储运基地（乌拉特中旗 8 个、乌拉特前旗 4 个），每处配套饲草棚 800 m^2，具备转运 8 000 t 农作物秸秆的能力。

5 万 t 秸秆能源化利用项目：投资 672.7 万元，建设 1 家年产 5 万 t 的秸秆颗粒燃料加工厂。

4）畜禽粪污资源化利用项目。

"固体畜禽粪便+污水肥料化利用"：投资 2 263 万元，在乌梁素海周边 9 个乡镇（农牧场）的 104 个建设主体配套建设"固体畜禽粪便+污水肥料化利用"设施设备。

5 万 t 有机矿物复合肥生产厂建设项目：投资 1 933.5 万元，建设 1 家年产 5 万 t 的有机肥生产厂。

（4）乌拉特前旗污水处理厂扩建工程

在乌拉山镇包兰铁路北侧、总排干沟的东侧（图 6-2）扩建一套规模为 20 000 m^3/d 的二级污水处理设施、深度处理设施及相配套的污泥处理设施。污水二级处理采用"A^2/O 生物池"工艺，深度处理采用"深床反硝化滤池间+磁混凝沉淀池+纤维转盘滤池"工艺，污泥处理工艺为"浓缩池+叠螺脱水机"，出水达到《城镇污水处理厂污染物排放标准》（GB 18918—2002）一级 A 标准。污水处理工艺流程如图 6-3 所示。

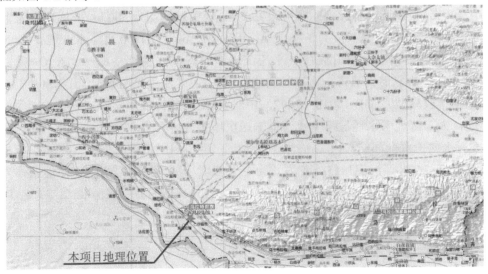

图 6-2 乌拉特前旗污水处理厂扩建工程位置

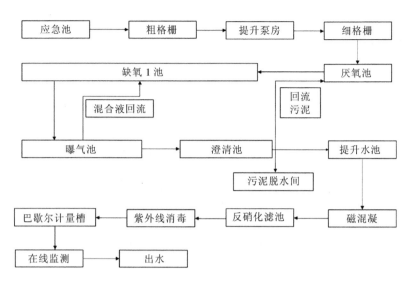

图 6-3 乌拉特前旗扩建污水处理厂工艺流程

（5）乌拉特前旗乌拉山镇再生水管网及附属设施（第二污水处理厂）工程

铺设口径为 DN315～DN800 的再生水管网总长度为 33.046 km，一是敷设污水处理厂至利源供水公司 11.6 km 再生水管网，二是铺设污水处理厂至乌拉特发电厂 12.5 km 再生水管网，三是铺设中水管网至中小企业创业园区 1.8 km 再生水管网，四是铺设包兰铁路南侧刁人沟段至乌拉山镇褚亥滩 7.1 km 再生水管网。

（6）乌拉特前旗污水处理厂改造工程

采用在二级生物处理前增设"厌氧池+缺氧池"工艺，在二级生物处理后增设"磁絮凝沉淀+深床反硝化滤池"工艺。新建回用水站装置规模为 2.0 万 m^3/d，用于接纳乌拉特前旗污水处理厂尾水。新建有效容积为 1.2 万 m^3 的应急池 1 座及配套设施，用于污水处理厂设备检修期间的污水储存。对污水处理厂周边进行土地换土，实施绿化、硬化、围墙、水景建设等。

（7）乌梁素海生态产业园综合服务区（坝头地区）污水工程

新建污水处理厂 1 座，建设地点位于乌梁素海坝头地区西南侧（图 6-4），近期规模为 600 m^3/d，远期规模为 1 200 m^3/d。新建一体化污水提升泵站 2 座，规模近期均为 500 m^3/d，远期均为 1 000 m^3/d。DN 300～DN 500 污水管道，总长度为 13 618 m；新建 DN160～DN200 再生水管道 4 402 m。污水处理工艺流程为"粗、细格栅→提升泵房→平流沉砂池→网板式精细格栅→"A^2/O+膜生物反应器（MBR）"处理工艺→次氯酸钠消毒→达标排放或回用"，工艺流程见图 6-5，出水水质符合《城镇污水处理厂污染物排放标准》（GB 18918—2002）中一级 A 排放标准后，春、夏、秋三季污水站出水补入人工湿地，人工湿地出水通过再生水管道输送至坝头地区再生水管网沿途及道路两侧林草地灌溉使用；冬季污水站出水全部储入人工湿地。污泥处理工艺采用"机械浓缩+化学调理+板框压滤机"，处理后污泥含水率≤60%，污泥最终处置方式为卫生填埋。臭气处理采用生物滤池法作为本工程除臭工艺，臭气排放执行《恶臭污染物排放标准》（GB 14554—1993）二级标准。

图 6-4　项目地理位置

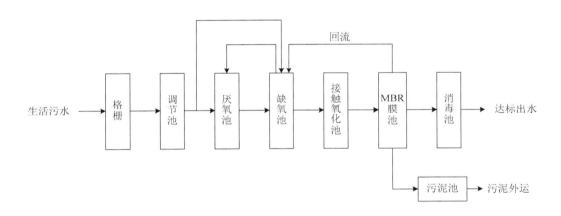

图 6-5　工艺流程

（8）"厕所革命"工程

建设 50 座公共厕所，按照 A 级旅游厕所标准建设；新建装配式成品水冲厕所 140 座，包括公厕 140 座，钢筋混凝土化粪池 140 座，打水井 140 眼，接入乡村电网 140 处，厕所门前及道路硬化 2 800 m²，采购 5 m³ 吸污车 10 台；在乌拉特前旗 156 个村落 6 130 户实施"旱改厕"，每户投资 3 400 元，共需投资 2 084.2 万元。

（9）村镇一体化污水工程

规划新建污水处理站 8 座，分两期建设。一期新建 6 座，分别位于沙德格苏木、西小召镇、小佘太镇、新安镇、苏独仑镇、公田村，污水二级处理采用"高效 A²/O+MBR"处理工艺，工艺流程见图 6-6，出水达到一级 A 标准；二期新建 2 座，位于红光村和北圪堵，污水二级处理采用"高效

A²/O+二沉池+过滤器"处理工艺,工艺流程见图6-7,出水达到一级 A 标准。

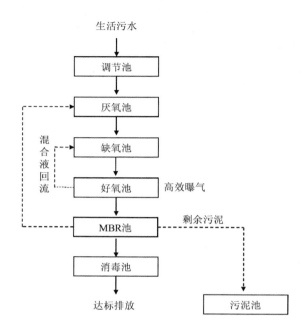

图 6-6　一期村镇一体化污水处理工艺流程

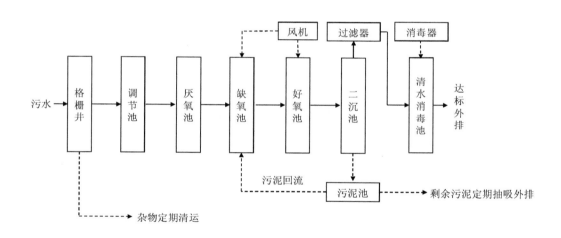

图 6-7　二期村镇一体化污水处理工艺流程

（10）生活垃圾收集和转运站点建设工程

1)新建 8 个镇(苏木)的垃圾处理系统,新建低温热解垃圾处理站 58 座,总占地面积为 18 429.68 m²,总建筑面积为 2 646 m²;每个处理站占地面积为 200～500 m²,建筑面积 42 m²(其中,管理用房 24 m²,罩棚 18 m²),以及相应的室外附属设施等;配置 68 台生活垃圾处理器、电动三轮车 340 辆、垃圾运输车 11 辆、垃圾桶 8 223 个、垃圾箱 237 个、巡查车 4 辆及其他相应的转运和收集设施等。项目实施地点位于苏独仑镇、沙德格苏木、白彦花镇、西小召镇、新安镇、额尔登布拉格苏木、小佘太镇和大佘太镇 8 个镇（苏木）。

2）新建 3 个镇的垃圾处理系统,新建低温热解垃圾处理站 23 座,总占地面积为 7 870.32 m²,

总建筑面积为 966 m²；每个处理站建筑面积 42 m²（其中管理用房 24 m²，罩棚 18 m²），场地硬化面积 222 m²，铁艺围墙 27 m；并配置处理设备 23 台，4 t 摆臂式运输车辆 3 辆，电动三轮车 121 辆，240 L 垃圾桶 625 个，垃圾箱 18 个及其他相应的转运和收集设施等。项目实施地点位于明安镇、先锋镇和乌拉山镇。

6.6 乌梁素海湖体水环境保护与修复工程

通过工程实施，优化海区的水动力条件，减少死水或滞水区，改善整个湖区的水流条件和湖水富营养化状态，抑制芦苇和其他水生植物的继续蔓延，减缓沼泽化进程，促进湖泊良性发展，使乌梁素海达到Ⅴ类水质标准，部分地区达到Ⅳ类标准，维持和谐的生态系统，使乌梁素海形成以平原水库、生态屏障、渔业资源、风景旅游、灌排降解功能为核心，生态环境质量一流、湖泊景观环境优美、资源开发利用合理的草原绿色湖泊，真正成为一个风景秀美，物产丰富，经济富裕的"塞外明珠"。

6.6.1 工程概况

工程地点：乌梁素海湖区。

项目内容主要包括乌梁素海湖区湿地治理及湖区水道疏浚、水生植物资源化综合处理、乌梁素海湖区底泥处置试验示范三大工程，投资估算 5.82 亿元。

6.6.2 工程内容

（1）乌梁素海湖区湿地治理及湖区水道疏浚工程

主要包括西侧军分区农场湖区湿地治理工程、北侧小海子湖区湿地治理工程及湖区水道疏浚工程，湖区湿地治理总面积 6 766.7 hm²。湖区水道疏浚工程主要是在乌梁素海海堤内侧开挖主输水道，垂直主输水道向湖区开挖支输水道，与湖区明水区实施的网格水道工程连通，主输水道部分土方沿海堤内侧堆放，其余土方堆放在湖区设置的 8 个堆砌场地。

（2）水生植物资源化综合处理工程

水生植物资源化综合处理工程分两期实施，第一期为乌梁素海芦苇的收割、打包、储存，第二期为乌梁素海芦苇的资源化利用。本项目一期实施方案内容为收割、打包、储存乌梁素海湖区芦苇，以支持后续无害化处理和资源化利用，年均芦苇收割、打包、储存量为 6 万 t，3 年共收割、处理芦苇 18 万 t。二期乌梁素海芦苇资源化利用实施方案待编撰。

（3）乌梁素海湖区底泥处置试验示范工程

在乌梁素海湖区选择两个七作业区、小汪作为示范区，面积约为 10 279 亩，分别采用微生物酵素修复以及本土微生物驯化修复为核心工艺对内源污染进行治理，建设内容包括水草减量化工程、松木桩围隔网工程、微生物强化培养工程、微生物驯化工程、沉水植物优化工程、水生动物构建工程、水务信息化工程；主要工程量为水草收割 190 万 m²，投放草鱼 4 万 kg，累计使用复合酵素 1 116 t，微生物菌液 16.4 万 kg，种植沉水植物 20 万 m²，构建水生动物工程 10 279 亩，建立水质自动监测站 4 座。

6.7 生态环境物联网建设与管理支撑

为准确掌握乌梁素海流域山水林田湖草各环境要素的生态状态，找到解决污染防治的根本对策，建立全流域生态环境风险管控体系；亟须充分运用物联网、大数据、云计算等信息化手段，构建生态环境物联网系统，为完成中央环保督察交给的治理任务、打赢污染防治攻坚战和山水林田湖草沙综合治理提供数据支撑和决策支持。

6.7.1　工程概况

生态环境物联网建设与管理支撑项目包括生态环境基础数据采集体系建设项目、生态环境传输网络系统建设项目、生态环境大数据平台建设项目和智慧生态环境管理体系建设项目，投资估算 1.62 亿元。

6.7.2　工程内容

（1）生态环境基础数据采集体系建设工程

生态环境基础数据采集体系建设工程内容包括地表水质综合监测网络、地下水质综合监测网络、乌梁素海沿岸监测网络、农业面源污染监测网络，分别由湖区生态天眼智慧监管系统建设项目、生态环境基础数据采集建设项目、工程物联网地下水监测网建设项目、补排水及生态补水水文自动化测报系统建设项目、农业面源污染监测系统建设项目构成，各工程具体内容如下：

1）湖区生态天眼智慧监管系统建设项目。

该项目内容：一是前端高清视频监控系统，包括热成像双光谱重载云台摄像机、铁塔建设和租赁等；二是传输系统，包括环保专网建设和通信线路租赁；三是视频存储系统，满足 5 年的视频存储要求；四是综合管理和共享平台系统，系统可以进行实时视频监控、回放、入侵报警、报警信息推送、远程控制等功能，并为其他系统共享开发提供视频接口；五是以乌梁素海为主要研究对象，在重点调查乌梁素海湖内养殖业现状的基础上，初步建立乌梁素海主要水质指标的简单模拟模型，解析外源输入和养殖污染对乌梁素海总负荷的贡献，评估在不同管理情境下养殖业对乌梁素海湖体负荷的贡献变化以及主要水质指标的变化情况，为乌梁素海的水质管理提出初步建议。

该项目具体工程：在养殖区沿湖岸安装 4 个热成像双光谱重载云台摄像机。在乌毛计、东岸和西岸 3 个点位新建 3 座 25 m 高的监控铁塔，并进行乌毛计展厅的建设。

2）生态环境基础数据采集建设项目。

本项目是对乌梁素海原有水质自动监测体系的补充和完善，包括新建 18 处水质自动监测站（11 处固定站，7 处浮船站）；改造现有 3 处浮标站，增加 TP、TN、COD 自动监测仪；在新建的 11 处固定站安装 33 个高清摄像机；在现有 17 处和新建 11 处固定站点安装超声波流量计，并对安装沟道进行整治；对新建和现有固定站房进行标准化整治和文化建设，并建设绿色发展生态展厅。

3）工程物联网地下水监测网建设工程。

该工程包括两项建设任务：一是完成工作区 70 眼地下水监测井水文地质钻探施工、孔口保护装置安装、工程测量等工作。二是完成 70 眼新建监测井地下水位自动监测设备的安装、调试工作。

4）补排水及生态补水水文自动化测报系统建设工程。

项目主要任务是为河套灌区内的磴口、补隆淖、黄羊木头、蓿亥、四分滩、东土城、乌拉山镇、沙盖补隆 8 处水文站（共 26 个监测断面），以及补排水（出入口）的黑水壕、金门、二牛湾（摩）、二牛湾（羊）、大佘太水库（入库二）、海流图 6 处水文站（或监测断面），新建自动化水位、流量监测及监控设施、1 处中心站业务用房及附属工程，同时配备与水位、流量监测相关的自动化仪器设备；新建水文测控中心 1 处，组建软件、硬件服务平台，最终实现乌梁素海流域内生态补水、补排水（出入口）站点的水文自动化测报能力提升。具体内容包括：①乌梁素海生态补水测报能力提升涉及的站点；②乌梁素海补排水（出入口）测报能力提升涉及的站点；③水文测控服务中心建设。

5）农业面源污染监测系统建设工程。

乌梁素海农业面源污染监测体系总体包括监测网络、数据采集和传输系统、智能管理平台、信息安全防护系统 4 部分，并预留农业面源污染预警和决策数据模块接口。其中，农业面源污染监测网络由农田面源污染监测站、畜禽养殖污染监测站、农村面源污染监测站和农田灌溉沟渠监测站组成。数据采集和传输系统主要实现气象数据、水文数据和水质数据采集以及基于物联网技术的数据实时传输，具体包括 4 个自动采集子系统和 1 个数据传输系统。智慧管理平台包括数据存储中心、数据分析、可视化服务和业务应用。

（2）生态环境传输网络系统建设工程

该项目拟对 18 个水质自动监测站进行生态环境数据传输网络建设，工程内容为每个站点至巴彦淖尔市生态环境局搭建 1 条 50 M 视频和数据传输的专线，其中，7 个浮标站部署在湖区、湿地水域上面，通过 4G 网络以 VPN 形式进行传送，至生态环境大数据平台 200 M 专线 1 条，生态环境大数据平台 100 M 互联网专线 1 条，乌梁素海码头视频监控 50 M 专线 1 条，剩余 2 条为保留线路，待确定需求后再进行实施。24 个传输线路中，7 个浮标站采用 4G 网络以 VPN 方式接入方案，其他均采用专线接入方案。

（3）生态环境大数据平台建设项目

1）开展生态环境数据采集，摸清资源生态环境家底。建立健全科学规范的资源生态环境统计调查制度，开展乌梁素海流域所涵盖旗（县、区）的生态环境数据采集，建立"全数据"采集体系，摸清资源生态环境的家底及其变动情况，使监管服务做到精准、高效。

2）实现山水林田湖草生态保护修复试点工程相关治理工程项目的信息汇集与进度监管。采集山水林田湖草生态保护修复试点工程的项目基础信息及进度信息，通过统一可视化平台直观展现。

3）建立大数据可视化平台，动态形成生态文明建设综合评价成果。加强资源生态环境大数据综合应用和集成分析，建立全景式资源生态环境形势研判模式，动态形成乌梁素海流域所涵盖旗（县、区）的自然资源资产负债表编制、资源环境承载能力评估、生态文明建设与绿色发展评估等决策支持成果。

4）构建乌梁素海治理决策模型平台，实现对乌梁素海流域水环境问题的精准治理。通过流域水模型分析，实时掌控乌梁素海流域水环境在时间、空间上的变化情况，构建乌梁素海流域的水平衡、水动力、污染物扩散模型，分析各类污染源、各排干对湖区水质的影响，说清水环境问题的成因，对相关治理项目的成效进行科学评估，对优先控制区提出建议，通过模型助力乌梁素海水环境治理工作。

5）为打赢污染防治攻坚战提供"作战图"。落实《乌梁素海流域山水林田湖草生态保护修复试点工程实施方案》（巴财建规〔2019〕29 号）中乌梁素海流域水生态环境的重点任务，分析乌梁素海流域水质状况，厘清"点源""面源""内源"污染成因，建立一"田"一档，厘清农业面源污染问题。通过"一张图"说明乌梁素海流域水污染来源、水生态环境质量现状及其变化趋势、潜在的水生态环境风险，实现污染监管和生态环境质量改善的联动，为生态环境保护工作提供辅助决策支持，提升综合决策能力。

6）可视化服务平台。根据服务对象的不同，提供不同的服务应用，包括服务于指挥决策的空间大屏、数据大屏，服务于业务监管人员的办公桌面和服务于企业公众用户的网站。同时服务于指挥决策，本项目在巴彦淖尔市生态环境局一楼建设指挥中心及 LED 展示大屏系统。

7）生态环境部门网络安全系统。为了贯彻落实公安部、国家保密局、国家密码管理局等国家有关部门信息安全等级保护工作的要求，全面完善巴彦淖尔市生态环境局信息系统安全防护体系，确保等级保护工作的顺利实施，提高巴彦淖尔市生态环境局整体信息安全防护水平，开展等级保护建设工作。根据对应用系统、管理制度等系统进行分类，分析测评结果与等级保护要求之间的差距，结合实际进行安全建设。进一步使信息系统等级保护符合性要求，将整个信息系统的安全状况提升到一个较高的水平，并尽可能地消除或降低信息系统的安全风险。

（4）智慧生态环境管理体系建设项目

1）数据资源中心。

①数据目录。

建立全面、翔实、准确的权威性智慧生态管理体系数据资源中心。通过聚合集成各类与自然资源生态环保相关的数据，形成覆盖全市范围、涵盖地上地下、能够及时更新的以基础地理信息、高分辨率遥感影像、土地利用现状、矿产资源现状、地理国情普查、生态环保、基础地质、地质灾害与地质环境等现时状况为主的空间现状数据集，以基本农田保护红线、生态保护红线、城市扩展边界、国土规划、土地利用总体规划、矿产资源规划、地质灾害防治规划等基础性管控性规划为主的空间规划数据集。

梳理出"一张图"数据资源目录体系。厘清每一项数据的业务来源、生产和管理单位、业务使用场景。以第三次全国国土调查成果为基础，整合自然资源生态所需的各类空间关联数据，形成坐标一致、边界吻合、上下贯通的"一张底图"。

②数据整合。

智慧生态管理体系是基于山、水、林、田、湖等多个领域的基础数据开展的一系列数据集合。各数据经统一整合处理后采用 2000 国家大地坐标系，高斯—克吕格投影，1985 国家高程基准，高程单位为 m。

数据整合（Data Consolidation）是一项复杂的系统工程，涉及众多的应用系统、数据库管理系统、不同的数据结构、代码结构和业务指标口径，同时还涉及整合技术、整合软硬件环境的选择等，更需统一规划，逐步实施。

③数据建库。

所有已处理、整合的数据按照统一的标准规范，进行空间信息数据库的建设，使用统一的数据模型，采用面向对象的理论与方法，遵循"数据与应用分离"的原则，将空间图元（对象）作为自然资源基础信息的空间对象进行设计，包括对象实体模型、关系逻辑模型。通过构建对象实体模型，实现空间对象、现状信息、规划信息、管理信息的有序组织与存储；通过构建关系逻辑模型，实现对象的空间关系、业务关系和时态关系的建立，基于这些逻辑关系，将对象的现状、规划、管理的业务行为进行有机联系，为掌握山、水、林、田、湖、草各类自然资源的真实现状和国土空间的开发利用与变化状况提供数据基础，最终形成以"一张底图"为基础、可层层叠加且打开任意自然资源数据的空间数据中心。

④数据管理系统。

数据库管理系统主要实现对多源异构数据的入库、管理，支撑成果系统的使用，包括不同层次的自然资源数据，如元数据、基础地理数据、土地资源数据、矿产资源数据、地质环境数据等。针对不同数据的存储、维护、更新、应用的特点开发数据库管理系统，实现各类自然资源数据的输入、输出、维护、更新、数据产品的制作与制图、查询统计分析等功能，实现各类自然资源调查评价、规划、业务管理等数据的一体化管理，为各应用系统提供数据任意组合、数据综合应用的数据集成环境，满足不同的应用需求。

2）国土空间生态保护与修复应用。

①国土空间生态状况呈现系统。

国土空间生态状况呈现系统依托乌梁素海流域综合治理监测中心的大屏展示系统，主要分为三类功能模块。第一类模块通过生态区位展示功能、生态保护规划展示功能、生态保护红线展示功能、重要生态功能区展示功能、自然保护地功能、生态敏感性监测功能、生态系统构成功能、生态要素监测功能、生态系统质量功能、生态服务功能、生态系统格局功能、生态问题胁迫功能 12 个功能模块对乌梁素海流域内生态系统的整体状况进行统一的呈现；第二类模块是数据接口模块，包含数据导入接口和数据发布接口，通过数据接口模块可以对生态系统现状数据以及监测分析评估数据等进行统一的管理和展示；第三类模块是可视化界面模块，包含三维可视化展示和数据仪表盘展示，可视化界面对乌梁素海流域生态系统的现状和发展规律以及生态保护修复工程等进行立体化的展示和直观的呈现。

②国土空间生态状况监测服务。

国土空间生态状况监测服务根据业务分为矿山监测、水体监测、林草监测、农田监测、湖沼监测、沙化监测、城建监测 7 个生态状况监测业务，以卫星遥感影像数据为主，以航空遥感数据、地区调查规划数据为辅进行生态要素监测。其中，遥感影像要覆盖 2018—2020 年三年，在空间上覆盖乌梁素海流域全境。利用成熟、先进的遥感影像信息提取手段自动化提取生态要素的真实分布信息，并对相关参数进行定量化精确反演，建立完善的生态要素监测、评价体系，反映生态要素现有状态，评价生态环境工程建设状况，并根据现状进行分析形成报告，为生态建设提供预测性建议。整套服务流程设计完善，技术成熟，达到行业内先进水平。

③国土空间生态状况评估服务。

本评价服务利用获取的 2018—2020 年三年中分辨率数据、自然资源调查数据和其他数据，依据两类生态系统评价指标生产出 2018—2020 年三年乌梁素海流域生态状况评价数据。生态系统评价指标包括生态系统结构指标和生态系统功能指标，生态系统结构指标包括林草地覆盖率提高率、沙化土地面积比、水域湿地面积比、受保护区域面积比、景观破碎化指数、景观连接度指数，生态系统功能指标包括植被指数指标、水体指数指标、荒漠化指数指标。

④项目管理与评价系统。

项目管理与评价系统主要由 3 部分组成：项目管理、项目展示以及项目评价。

项目管理中主要管理项目、子项目以及工程过程中的信息、资金、进度、工程图片以及生态成果图片，用于项目展示。

项目展示主要展示项目、子项目以及 35 个工程的信息、进度、资金情况、工程进度、进度图片以及生态成果图片。由于项目、工程内容不同，不同类型的项目或工程展示页面要单独设计及处理。

项目评价即根据项目特性自行设定评价内容、标准、分值以及依据，通过打分及上传佐证材料确认评价得分，生成评价结果。

⑤专家服务系统。

通过专家咨询服务支持系统，项目专家团队可以实时获取项目建设实施情况，以及区域生态环境的数据和信息。在系统平台上，实现项目管理相关人员与专家团队间高效的咨询和反馈双向信息沟通机制。

专家团队通过对信息的分析，判断生态环境现状和变化趋势，通过定期或不定期线上、线下咨询服务，为山水林田湖草生态保护修复工程提供技术支持，为长期生态保护修复提供决策支持。作为专家团队工作成果的展示平台，系统能够线上展示项目专家团队的线下工作成果。

专家团队可以通过系统获取脱敏后的项目自然资源的生态数据与环境数据性信息，系统为专家团队提供即时有效的数据支撑。反过来，专家团队通过获取到的即时信息，可以建立与验证相关的算法分析模型。为系统提供更好的指导服务，形成良性循环。在系统平台上，相关人员可以向相关专家团队提出问题，专家团队对相关问题进行专业解答，提供相关决策支持服务。

3）网络安全建设、信息安全建设、硬件建设。

通过网络安全威胁、网络通信需求和信息安全保障重要性分析，制定网络安全和信息安全建设方案，配置网络安全硬件设备，提升网络安全和信息安全。

4）标准规范体系建设。

①法律制度体系。

梳理国家和地方在土地、地质、测绘、森林、草原、水域等方面信息化的相关配套政策、制度和规范性文件，建立一套符合本项目建设的法规制度库。

②技术标准体系。

按照本项目建设内容及构成，梳理和总结数据管理、自然资源调查监测、生态保护修复成效评估、生态系统服务评价等方面的技术标准体系。

③质量管理体系。

制定数据成果质量管控机制。在分析数据资源中心各项原始数据的获取情况、数据的总体情况、标准来源构成情况、数据整合匹配情况等基本情况后，对数据导入和数据整合过程中的质量校验分别进行规范。

5）项目管理体系建设。

项目建设的管理内容主要包括组织人员管理、质量管理、进度管理、风险管理、文档管理、范围管理等方面，这些内容贯穿项目的整个生命周期。

6）运行维护体系建设。

运行维护体系工作内容主要包括硬件设备维护、软件系统维护等。

7）绿色发展专家（院士工作站）咨询平台建设。

绿色发展专家（院士工作站）咨询平台为山水林田湖草沙项目提供全过程技术咨询、全流域绿色发展技术咨询、项目阶段考核报告、中期评估报告、终期验收报告（报告由项目承担单位和项目过程管理单位编写）的把关和提升、全域发展战略咨询等。

在技术指导、模式创新、应用研究与示范方面，咨询河套学院相关专业的专家和技术人员。具体成果如表6-1所示。

表 6-1　绿色发展专家（院士工作站）咨询平台建设项目成果

序号	项目名称	成果
1	河套灌区灌溉排水模式对乌梁素海湿地的影响研究	①研究报告； ②论文 3 篇（刊物）； ③生态排水沟实验场所
2	基于大数据技术的乌梁素海生态环境基础数据分析相关信息的不确定性研究	①乌梁素海环境监测站 1 座（负责）； ②研究报告
3	乌梁素海流域生态原产地农产品保护研究	调研报告 1 篇
4	乌梁素海流域湿地资源分布及水体净化潜力研究	①人工湿地野外实验场所； ②研究报告
5	"腐植酸+脱硫石膏+微生物菌"对乌梁素海流域盐碱土壤改良效应及葵花品质的影响	①研究报告； ②论文 1 篇（刊物）
6	复合酶素微生物技术强化乌梁素海流域河道水体自净能力应用研究	研究报告
7	探明冰封及生消期污染物迁移转化的环境行为作用机制	研究报告
8	乌梁素海流域渠系输水条件下水文过程及生态响应研究	研究报告
9	乌梁素海流域水体底泥微生物强化修复应用研究	研究报告
10	河套灌区农业土壤及其对乌梁素海流域生态安全影响的研究	①研究报告； ②论文 1 篇（录用通知）； ③咨询服务的报告 3 篇
11	基于模拟—优化耦合模型的水质目标管理研究——以乌梁素海为例	①实用新型专利 2 项； ②论文 1 篇（录用通知）； ③研究报告
12	习近平生态文明思想中生命共同体新系统观视域下乌梁素海山水林田湖草协调发展研究	①研究报告； ②专著 1 本（书籍）
13	基于物联网技术的乌梁素海流域土壤环境信息监测预警系统研究	①乌梁素海环境监测站（协助）； ②计算机软件著作权 1 项； ③实用新型专利 1 项； ④论文 1 篇（录用通知）； ⑤研究报告
14	基于 RBF 神经网络的乌梁素海水环境承载力评价研究	①乌梁素海环境监测站； ②论文 3 篇（2 篇录用，1 篇刊物）； ③研究报告
15	基于人工神经网络和模糊技术的乌梁素海水环境监测、评价与预警系统设计及应用	①乌梁素海环境监测站（协助）； ②实用新型专利 1 项； ③北大中文核心论文 2 篇，科技核心论文 1 篇，共 3 篇（刊物）
16	"两山理论"视域下乌梁素海生态保护中居民绿色消费意识提升研究	①乌梁素海环境监测站（协助）； ②论文 2 篇（刊物）； ③研究报告
17	功能基改性可生物降解聚天冬氨酸半互穿网络高吸水性树脂的合成及在治沙和建材领域中的应用研究	①论文 2 篇（刊物）； ②研究报告
18	农业退水排入乌梁素海入湖水人工曝气生态净化研究	①生态曝气池实验场所； ②论文 1 篇（刊物）
19	河套灌区井渠双灌区地下水埋深及水环境变化特征分析	①专著 1 部； ②研究报告（书籍）
20	基于巴彦淖尔市乌梁素海水资源污染用数据模型分析研究	①乌梁素海环境监测站（协助）； ②SCI 论文 1 篇（刊物检索报告）
21	河套灌区农户节水灌溉技术采用行为研究	研究报告
22	腐殖酸控制河套地区农业面源营养元素流失的研究	研究报告
23	金属基纳米催化材料的设计合成及在染料降解和小分子放氢中的应用	①论文 4 篇（2 篇录用，2 篇国外在线刊物）； ②研究报告
24	乌梁素海湿地鱼类资源现状调查	①专著副主编 1 本； ②研究报告（书籍）

第7章 产出效果评价

根据各工程建设内容、实施目标及必要性,通过模型及现场采样检测结果,建立各类工程的产出效果评价指标体系,定量计算工程带来的实际产生效果,为后期项目管理提供依据。

7.1 沙漠综合治理工程

沙漠综合治理工程的实施可恢复乌兰布和植被,构建结构合理、自然协调、稳定健康的梭梭林生态系统。此项目的实施可将乌兰布和沙漠严重沙漠化占比由 2017 年的 23.7%降低到 21.8%,新增治理面积 4 万亩,种植肉苁蓉约 7 万亩。沙漠综合治理工程的实施可提升"北方防沙带"生态功能,减少进入黄河泥沙量,保障黄河中下游水生态安全,推动乌梁素海流域生态环境的持续改善,保障我国北方生态安全。

7.1.1 评价指标

根据沙漠综合治理工程内容,建立生态效益、经济效益和社会效益评价指标体系,具体如表 7-1 所示。

表 7-1 沙漠综合治理工程评价指标体系

一级指标	二级指标	三级指标	目标值
生态效益	生物多样性保护	草地年物种保育价值	提升
	涵养水源	截留降水、涵养水分增加量	提升
	保育土壤	固土价值	提升
	固碳释氧	减少入河泥沙量,牢固防沙带屏障	提升
	防风固沙	防风固沙价值	提升
	严重沙漠化占比	≤21.8%	≤21.8%
经济效益	直接经济效益	农产品销售	提升
	间接经济效益	第三产业发展	推动
社会效益	促进社会进步	实施区域居民生活品质	提升
		实施区域知名度	提升
		区域就业情况	促进

7.1.2 生态效益

参考《森林生态系统服务功能评估规范》(GB/T 38582—2020)以及国内外相关研究,建立乌兰布和沙漠综合治理工程生态效益评价指标体系,主要包括生物多样性保护、涵养水源、保育土壤、固碳释氧、防风固沙、严重沙漠化占比,具体计算方法及结果如下:

（1）生物多样性保护

乌兰布和沙漠防沙治沙工程生物多样性保护，是指荒漠化过程中环境的改善为生物提供栖息场所或者对濒危动物的抚育保护作用，主要根据我国森林生态系统服务功能评估规范计算生物多样性功能保护的价值，计算方法如式（7-1）所示。

$$U_{生物} = S_{生}A \tag{7-1}$$

式中，$U_{生物}$——林分物种保育价值，元/a；

　　　A——林分面积，hm^2；

　　　$S_{生}$——单位面积物种损失的机会成本，元/（$hm^2 \cdot a$）。

根据《森林生态系统服务功能评估规范》（GB/T 38582—2020）Shannon-Wiener 指数计算物种保育价值，共划分为 7 级：当指数<1 时，$S_{生}$ 为 3 000 元/（$hm^2 \cdot a$）；当 1≤指数<2 时，$S_{生}$ 为 5 000 元/（$hm^2 \cdot a$）；当 2≤指数<3 时，$S_{生}$ 为 10 000 元/（$hm^2 \cdot a$）；当 3≤指数<4 时，$S_{生}$ 为 20 000 元/（$hm^2 \cdot a$）；当 4≤指数<5 时，$S_{生}$ 为 30 000 元/（$hm^2 \cdot a$）；当 5≤指数<6 时，$S_{生}$ 为 40 000 元/（$hm^2 \cdot a$）；当指数≥6 时，$S_{生}$ 为 50 000 元/（$hm^2 \cdot a$）。

由于本项目的工期安排是 2020 年 3—12 月，完成造林 48 209 亩（3 214 hm^2）；2020 年 5 月 1 日至 2020 年 11 月 27 日，完成现有梭梭林接种肉苁蓉 3 万亩（2 000 hm^2）；2023—2024 年完成新造梭梭林接种肉苁蓉 40 039 亩（2 669.3 hm^2），故保守估计林地生物多样性指数小于 1。

$$U_{生物} = S_{生}A \times 75\% = 723.15 万元 / a \tag{7-2}$$

$$U_{生物} = S_{生}A_{现有} + S_{生}A_{新造} \times 75\% = 1\,220.59 万元 / a \tag{7-3}$$

根据中国市政西北设计研究院有限公司对乌兰布和沙漠综合治理工程的设计，造林三年保存率应达到 75% 以上，造林成活率没有达到合格标准的造林地，应在造林季节及时补植，故保守估计沙漠治理工程苗木成活率至少达到 75%。

经计算，沙漠综合治理工程林分物种保育价值（$U_{生物}$）为 1 943.74 万元/a。

（2）涵养水源

项目实施后，有效提高了当地森林覆盖度，可根据森林区域的水量平衡来求森林涵养水源总量，森林拦蓄水源的总量是降水量与森林地带蒸散量及其他消耗的差，计算式如下：

$$T = A（P - E - C） \tag{7-4}$$

式中，T——森林拦蓄水量，m^3；

　　　A——森林拦蓄降水面积，m^2；

　　　P——降水量，mm；

　　　E——蒸散量（林区），mm；

　　　C——地表径流量，mm，因为林区地表径流量很小，可忽略不计。

乌拉特前旗年降水量为 200～250 mm，主要集中在 6—9 月，占全年降水量的 78.9%，流域年蒸发量为 1 900～2 300 mm；据调查，我国森林年蒸散量占全国总降水量的 30%～80%，全国平均蒸散量为 56%，因此，将林区蒸散量定为年降水量的 60%，即林区拦蓄的降水 60% 用于自身生长和蒸腾，剩余 40% 为涵养水源量。取单位库容造价 5.714 元/m^3，得到项目造林工程涵养水源价值计算式如下：

$$W_1 = T \times V_1 \tag{7-5}$$

式中，W_1——林区涵养水源价值，元/a；

$\quad\quad T$——林区拦蓄水量，m^3/a；

$\quad\quad V_1$——单位体积等效水库库容造价，元/m^3。

项目区年降水量为 200 mm，沙漠综合治理工程实施后林地增加面积为 48 209 亩（3 213.93 hm^2），梭梭林接种肉苁蓉增加面积为 70 039 亩（4 669.3 hm^2），经计算，该工程涵养水量约为 630.64 万 m^3/a，涵养水源价值为 3 603.5 万元/a，根据设计要求，造林三年保存率应达到 75% 以上，造林成活率没有达到合格标准的造林地，应在造林季节及时补植，保守估计项目带来的涵养水源价值约为 2 702.62 万元/a。

（3）保育土壤

土壤保育效益主要是荒漠化防治的固土效益，计算式如下：

$$B_1 = A \times C \times (X_2 - X_1) \div \rho \tag{7-6}$$

式中，B_1——固土效益，万元/a；

$\quad\quad A$——林地面积，km^2；

$\quad\quad C$——挖取和搬运土壤成本，元/m^3；

$\quad\quad X_1$——有林地土壤侵蚀模数，t/（$km^2 \cdot a$）；

$\quad\quad X_2$——裸地土壤侵蚀模数，t/（$km^2 \cdot a$）；

$\quad\quad \rho$——土壤容重，t/m^3。

本项目的土壤侵蚀模数参照中国科学院西北生态环境资源研究院对内蒙古阿拉善野外土壤侵蚀调查结果确定。裸地的土壤侵蚀模数为 15 000 t/（$km^2 \cdot a$），有林地的土壤侵蚀模数为 800 t/（$km^2 \cdot a$）。经实验检测，土壤容重为 1.26 g/cm^3，根据《中华人民共和国水利部水利建筑工程预算定额》可知，人工挖土费用为 12.6 元/m^3。

根据中国市政西北设计研究院有限公司对乌兰布和沙漠综合治理工程的设计，造林三年保存率应达到 75% 以上，造林成活率没有达到合格标准的造林地，应在造林季节及时补植，故保守估计乌兰布和沙漠综合治理工程造林成活率至少达到 75%，经计算，防沙治沙示范工程固土效益价值为 910.6 万元/a，减少土壤侵蚀量为 72.27 万 m^3/a。

（4）固碳释氧

荒漠生态系统固碳释氧功能价值包括固碳（植被固碳和土壤固碳）和释氧两部分。植被固碳以荒漠生态系统有机质生产为基础，根据光合作用的反应方程式，推算出植被每形成 1 g 干物质，需要吸收 1.63 g CO_2。

1）固碳释氧功能物质量的计算。

固碳功能又包括荒漠植被固碳和土壤固碳两部分，其物质量计算式为

$$M_C = M_{植C} + M_{土C} \tag{7-7}$$

$$M_{植C} = 1.63 \times R_C \times NPP \times A \tag{7-8}$$

$$M_{土C} = G_C \times A \tag{7-9}$$

式中，M_C——荒漠生态系统总的固碳物质量，t/a；

$\quad\quad M_{植C}$——荒漠植被固碳物质量，t/a；

$\quad\quad M_{土C}$——土壤固碳物质量，t/a；

$\quad\quad R_C$——CO_2 中碳的含量百分比，为 27.27%；

NPP——净生产力，t/（hm²·a）；

G_C——土壤固碳率，t/（hm²·a）；

A——区域面积，hm²。

根据光合作用反应式，植被每积累 1 g 干物质，可以释放 1.19 g 的 O_2，释氧功能物质量计算式为

$$M_O=1.19 \times NPP \times A \qquad (7-10)$$

式中，M_O——荒漠生态系统植被释氧物质量，t/a；

NPP——净生产力，t/（hm²·a）；

A——区域面积，hm²。

2）固碳释氧功能价值量的计算。

固碳价值量计算式为

$$V_C = C_C \times M_C \qquad (7-11)$$

式中，V_C——固碳价值量，元/a；

C_C——固碳价格，元/t。

释氧价值量计算式为

$$V_O = C_O \times M_O \qquad (7-12)$$

式中，V_O——释氧价值量，元/a；

C_O——氧气平均价格，元/t。

3）计算结果。

查找文献资料的 NPP，疏林地为 184.41 g/（m²·a），灌木林地为 268.14 g/（m²·a），戈壁为 46.77 g/（m²·a），土壤有机碳固存率为 0.47 mg/（hm²·a）。所以对乌兰布和沙漠的净生产力取疏林地和灌木林的平均值，即 226.275 g/（m²·a）。根据文献资料可知，国际碳汇价格为 369.7 元/t，工业制氧成本约为 400 元/t。

根据中国市政西北设计研究院有限公司对乌兰布和沙漠综合治理工程的设计，造林三年保存率应达到 75%以上，造林成活率没有达到合格标准的造林地，应在造林季节及时补植，故保守估计乌兰布和沙漠综合治理工程造林成活率至少达到 75%，经计算，乌兰布和沙漠综合治理工程固碳的物质量为 6 575.19 t/a，释氧的物质量为 17 551.51 t/a。固碳的价值为 243.09 万元/a，释氧的价值为 702.06 万元/a。

（5）防风固沙

在对荒漠生态系统防风固沙功能的评估中，防风功能的表现为减少土壤侵蚀，有植被和无植被区域之间的侵蚀量（输沙量）之差，就为该有植被区域的固沙量，所以利用固沙量这一指标来评估防风固沙功能的物质量和价值量。

1）荒漠生态系统防风固沙功能物质量和植被固沙量。

荒漠生态系统防风固沙功能物质量根据植被固沙量来计算。植被固沙量计算式为

$$M_{沙} = A \times (Q_{有植被} - Q_{无植被}) \qquad (7-13)$$

式中，$M_{沙}$——荒漠生态系统植被固沙量，t/a；

$Q_{有植被}$——有植被覆盖区域单位面积输沙量，t/（hm²·a）；

$Q_{无植被}$——无植被覆盖区域单位面积输沙量，t/（hm²·a）；

A——植被覆盖面积，hm²。

2）荒漠生态系统防风固沙价值量计算式为

$$V = M_{沙} \times Z \qquad\qquad (7\text{-}14)$$

式中，V——荒漠生态系统防风固沙价值量，元/a；

Z——沙尘清理费用，元/t。

3）计算结果。

单位面积林地的防风固沙能力最强为 22 695 t/km^2，灌木林为 22 605 t/km^2，沙尘清理费用采用工业粉尘排污收费标准 150 元/t 进行估算。根据中国市政西北设计研究院有限公司对乌兰布和沙漠综合治理工程的设计，造林三年保存率应达到 75%以上，造林成活率没有达到合格标准的造林地，应在造林季节及时补植，故保守估计乌兰布和沙漠综合治理工程造林成活率至少达到 75%，经计算，乌兰布和沙漠综合治理工程固沙量为 99.72 万 t/a，固沙的价值为 14 960 万元/a，能减少入河泥沙量，提升水环境质量，牢固防沙带屏障。

（6）严重沙漠化占比

根据防沙治沙示范工程鉴定书中统计的工程量，治理沙漠面积为 48 209 亩，远大于考核指标（4 万亩）。根据中国市政西北设计研究院有限公司对乌兰布和沙漠综合治理工程建设项目的初步设计，工程完工即可将乌兰布和沙漠严重沙漠化占比由 2017 年的 23.7%降低到 21.8%，提升"北方防沙带"的生态功能，减少进入黄河的泥沙量，保障黄河中下游水生态安全，推动乌梁素海流域生态环境的持续改善，保障我国北方生态安全。项目主体工程为造林面积 48 209 亩，设置沙障 44 348 亩，平整沙丘 38 751 亩，现主体工程已完工。故乌兰布和沙漠防沙治沙示范工程的实施可使乌兰布和沙漠严重沙漠化占比≤21.8%。

7.1.3 社会效益

通过评价指标体系和评价方法的构建与确定，基于调查、统计资料的收集，计算项目实施后在提升居民生活品质、提升区域知名度和促进就业方面带来的社会效益，从而评价项目实施后对治理区产生的社会效益。

沙漠综合治理工程产生的社会效益主要有提升居民生活品质、提高区域知名度和促进就业。

（1）提升居民生活品质

乌兰布和沙漠综合治理工程的实施，使治理区域内生态环境质量不断提升，且自然保护区与各类型旅游项目的增多陶冶和放松了居民的身心，项目的实施改善了沙漠环境，固碳释氧、水源涵养、防风固沙能力的提升，增强了群众幸福指数，生态环境得到改善，居民生活环境也得到改善，提高了居民的生活品质。

（2）提高区域知名度

通过项目的实施，区域的生态环境得到改善，乌兰布和沙漠将成为巴彦淖尔市的一张亮丽名片，提升城市形象，提高地区知名度。

（3）促进就业

项目的实施需要雇用当地居民种植树木、接种肉苁蓉、修路建设等，增加了第三产业的需求，多方位增加就业机会，增加了当地居民收入。

7.1.4　经济效益

沙漠综合治理工程产生的经济效益主要包括销售肉苁蓉产生的经济效益、改善当地生态环境和促进第三产业的发展。

（1）直接经济效益

沙漠综合治理工程产生的直接经济效益主要体现在肉苁蓉的生产和销售上，产品主要为肉苁蓉鲜品。根据上海同济咨询有限公司对乌兰布和沙漠生态修复示范工程梭梭接种肉苁蓉滴灌补贴配套项目实施方案，以及对乌兰布和沙漠综合治理工程建设项目可行性的研究报告可知，项目实施后，从第 4 年开始，肉苁蓉年平均产量为 60 kg/亩，按 40 元/kg 计算，年产值为 2 400 元/亩。按 20 年收益期计算，7 万亩梭梭林接种肉苁蓉预期总收益为 336 000 万元，除去项目投入 64 300 万元；银行贷款利息为每年 2 000 万元，还款期按 10 年计算，利息成本合计为 20 000 万元；经营成本每年为 6 500 万元，23 年（3 年养护+20 年收益）经营成本合计为 149 500 万元，净利润为 102 200 万元，年均净利润为 5 110 万元。

（2）间接经济效益

荒漠化防治控制了生态破坏，有利于生态建设，改善了旅游景观和生态环境，依托旅游业带动服务业的发展，推动区域产业结构优化，2020 年巴彦淖尔市接待游客 542.4 万人次，实现旅游收入 403 000 万元。同时带动第三产业发展，而第三产业的发展又拉动了消费，增加了就业。

7.2　矿山地质环境综合整治工程

矿山地质环境综合整治工程的实施可减少占用破坏土地面积，恢复自然地形地貌，恢复地表植被，有效提高林草植被覆盖度，提高土壤的涵养能力，减少水土流失，控制扬沙扬尘，避免山体滑坡、坍塌，消除次生地质灾害发生，强化矿山生态屏障功能，使其成为西北部与华北部控制沙害风害的重要防御区。

7.2.1　评价指标

根据矿山综合治理工程的内容，建立生态效益、经济效益和社会效益评价指标体系，如表 7-2 所示。

表 7-2　矿山地质环境综合整治工程绩效评价指标体系

一级指标	二级指标	三级指标	目标值
生态效益	生物多样性保护	草地年物种保育价值	提升
	涵养水源	截留降水、涵养水分增加量	提升
	水土保持	固土价值	提升
		保肥价值	提升
	防风固沙	防风固沙价值	提升
	固碳释氧	固碳释氧价值	提升
	确保河道行洪安全	刁人沟河段洪峰流量	386 m³/s
	维护岸坡稳定	岸壁厚度	达标
	生物多样性	植被覆盖度	12.20 km²

一级指标	二级指标	三级指标	目标值
经济效益	降低灾害成本	减轻滑坡、泥石流危害，保证行洪安全	降低
	降低企业生产成本	设备损失、房屋与道路破坏的损失和停产的损失	降低
社会效益	减少自然灾害	水土流失	降低
		风蚀与风沙危害	减轻
		滑坡、泥石流危害	减轻
	促进社会进步	区域就业情况	提高
	恢复地形地貌	景观格局类型水平	提升
		景观要素的动态变化特征	
		景观干扰度指数	
		景色质量评价	

7.2.2　生态效益

参考《森林生态系统服务功能评估规范》（GB/T 38582—2020）以及国内外相关研究，建立矿山地质环境综合整治工程生态效益评价指标，主要包括生物多样性保护、涵养水源、水土保持、防风固沙、固碳释氧、确保河道行洪安全、维护岸坡稳定、提高植被覆盖度，具体计算如下：

（1）生物多样性保护

主要根据《森林生态系统服务功能评估规范》（GB/T 38582—2020）计算生物多样性功能保护的价值，计算式见式（7-1）。

由文献可知，内蒙古呼伦贝尔草原辉河国家级自然保护区草原群落放牧场草地多样性指数为1.61，内蒙古克什克腾旗草原区羊草型、地榆型、披碱草型和兴安蓼型草地多样性指数分别为1.4、1.2、1.9和1.0。由于本项目是对矿山治理区域内平整后的场地进行人工撒播草籽，草籽撒播完毕后进行为期3年的管护，保守估计草地生物多样性指数小于1。工程各治理区域物种保育价值见表7-3。

表 7-3　矿山地质环境综合整治工程各治理区域物种保育价值　　　　单位：万元/a

治理区域	物种保育价值
乌拉山北麓铁矿区	236.7
乌拉山南侧废弃砂石坑治理区	48.38
乌拉山小庙子沟、泥石流治理区	8.42
乌拉特前旗大佘太镇拴马桩—龙山一带废弃石灰石矿治理区	68.25
总计	361.75

（2）涵养水源

目前国内外关于草地水源涵养量常用的估算方法有水量平衡法、土壤蓄水估算法、地下径流增长法、多因子回归法等。相较而言，水量平衡法是运用最多、可靠性最大的一种方法。本节在估算时结合水量平衡法和影子工程法计算全省草地水源涵养价值，其计算式为

$$V_{涵} = H \times Z \qquad\qquad (7-15)$$

$$H = S \times P \times \theta / 1\,000 \qquad\qquad (7\text{-}16)$$

式中，$V_{涵}$——草地生态系统的水源涵养价值，万元/a；

$\quad\quad$ H——草地每年的水源涵养量，万 m^3；

$\quad\quad$ S——草地面积，hm^2；

$\quad\quad$ P——年均降水量，mm；

$\quad\quad$ θ——草地截留降水、减少径流的效益系数；

$\quad\quad$ Z——拦蓄 1 m^3 洪水的水库、堤坝工程费用，为 0.67 万元/m^3；

人工草地径流系数为 0.34。

表 7-4 为矿山地质环境综合整治工程各治理区域涵养水源价值。

表 7-4　矿山地质环境综合整治工程各治理区域涵养水源价值

治理区域	涵养水源价值/（万元/a）	涵养水源量/（万 m^3/a）
乌拉山北麓铁矿区	38	59.04
乌拉山南侧废弃砂石坑治理区	7.91	11.78
乌拉山小庙子沟、泥石流治理区	1.4	2.10
乌拉特前旗大佘太镇拴马桩—龙山一带废弃石灰石矿治理区	11.4	17.02
总计	58.71	89.94

（3）水土保持

选择撒播草籽以起到固土、防尘、美化的作用，可满足乌拉山南侧废弃砂石坑矿山地质灾害治理后的边坡及平台的生态修复、固土、防治水土流失、防治滑坡的目的。通过撒播草籽的规划和生态修复设计，经过长期人工和自然修复，可以逐步改善矿坑小环境，形成稳定的生态系统，恢复被破坏的大地景观和生态系统。

根据《中国生物多样性国情研究报告》，无林地土壤中等程度的侵蚀深度为 15～35 mm/a，侵蚀模数为 150～350 m^3/（$hm^2 \cdot a$），本章采用侵蚀模数的平均值，即 250 m^3/（$hm^2 \cdot a$）和 3 198 t/（$hm^2 \cdot a$）来估算矿山无林地的土壤侵蚀量。草地土壤侵蚀模数参考张元等的研究，取 0.088 9 t/（$hm^2 \cdot a$），减少土壤侵蚀量为 34.78 万 m^3/a。

1）草地固土价值。

其计算式为

$$U = AC_{土} （X_2 - X_1） / \lambda \qquad\qquad (7\text{-}17)$$

式中，U——草地年固土价值，元/a；

$\quad\quad$ A——林分面积，hm^2；

$\quad\quad$ $C_{土}$——挖取和输送单位体积土方的费用，元/m^3；

$\quad\quad$ X_1——草地土壤侵蚀模数，t/（$hm^2 \cdot a$）；

$\quad\quad$ X_2——无草地土壤侵蚀模数，t/（$hm^2 \cdot a$）；

$\quad\quad$ λ——草地土壤容重，t/m^3。

根据《中华人民共和国水利部水利建筑工程预算定额》，可知挖取和运输单位面积土方所需要的费用是 12.6 元，固土价值计算结果如表 7-5 所示。水土保持可减轻砂石、腐殖质随洪水进入乌梁素海的现象，减小水质破坏的影响。

表 7-5 矿山地质环境综合整治工程各治理区域草地固土价值 单位：万元/a

治理区域	草地固土价值
乌拉山北麓铁矿区	294.52
乌拉山南侧废弃砂石坑治理区	55.61
乌拉山小庙子沟、泥石流治理区	9.67
乌拉特前旗大佘太镇拴马桩—龙山一带废弃石灰石矿治理区	78.4
总计	438.2

2）草地保肥价值。

保肥价值计算式为

$$U_{肥} = A \times (X_2 - X_1) \times (\frac{NC_1}{R_1} + \frac{PC_1}{R_2} + \frac{KC_2}{R_3} + MC_3) \tag{7-18}$$

式中，$U_{肥}$——草地保肥价值，元/a；

X_2——无草地土壤侵蚀模数，t/（km²·a）；

X_1——实测有草地土壤侵蚀模数，t/（hm²·a）；

$C_{土}$——挖取和运输单位体积土方所需费用，12.6 元/m³；

A——林分面积，hm²；

N——林分土壤平均含氮量，%；

P——林分土壤平均含磷量，%；

K——林分土壤平均含钾量，%；

M——林分土壤有机质含量，%；

R_1、R_2、R_3——磷酸二铵化肥含氮、磷、钾质量分数，%，分别取 14.0、15.1、50.0；

C_1、C_2、C_3——磷酸二铵化肥、氯化钾化肥、有机质价格，元/t，分别取 2 400、2 200、320。

保肥价值如表 7-6 所示。

表 7-6 矿山地质环境综合整治工程各治理区域草地保肥价值 单位：万元/a

治理区域	草地保肥价值
乌拉山北麓铁矿区	2 273.45
乌拉山南侧废弃砂石坑治理区	481.34
乌拉山小庙子沟、泥石流治理区	83.85
乌拉特前旗大佘太镇拴马桩—龙山一带废弃石灰石矿治理区	679.6
总计	3 518.24

（4）防风固沙

防风固沙计算公式详见 7.1.2 节。

单位面积林地的防风固沙能力最强为 22 695 t/km²，灌木林为 22 605 t/km²，低覆盖度草地的防风固沙能力为 12 338 t/km²，沙尘清理费用采用工业粉尘排污收费标准 150 元/t 进行估算，该项目共种植草地面积 12.2 km²，经计算，矿山地质环境综合治理整治工程固沙量为 15.05 万 t/a，固沙的价值为 2 258 万元/a，能减少入河泥沙量，提升水环境质量，牢固防沙带屏障。

（5）固碳释氧

该项目共种植草地 12.2 km²，固碳释氧价值计算公式参照 7.1.2 节，经计算，固碳量为 692.89 t/a，固碳价值为 45.72 万元/a。

（6）确保河道行洪安全

刁人沟整治段河道横穿 G6 高速公路和 G110 桥梁，部分桥孔被弃土堵塞，河道两岸建有断续的浆砌石护岸工程，年久失修，破损严重。现状工程范围植被稀少，岩壁裸露，刁人沟河道为季节性河流，汛期为泄洪通道，行洪时对岸坡的冲刷损毁严重，两岸无绿化，岸坡裸露，河道护岸年久失修，破损严重。乌拉山南侧废弃砂石坑（刁人沟河道）治理工程通过对刁人沟 G6 高速大桥至包兰铁路桥上游约 250 m 段河道进行疏浚，可使得刁人沟河段相应洪峰流量达到 386 m³/s，确保河道行洪安全。表 7-7 为刁人沟整治河段河道水面线。

表 7-7　刁人沟整治河段河道水面线（P=5%）

河道里程/m	桩号	流量/（m³/s）	深泓点高程/m	水位/m	流速/（m/s）	过流面积/m²	水面宽/m
0	0+000	386	1 022.59	1 024.16	6.16	62.62	43.04
100	0+100	386	1 020.87	1 021.88	6.24	61.83	63.69
200	0+200	386	1 019.14	1 020.08	4.81	80.22	88.03
366	0+366	386	1 016.29	1 017.70	4.73	81.66	61.67
366	0+366	386	1 014.29	1 015.23	8.15	47.34	57.54
400	0+400	386	1 013.63	1 014.83	6.41	60.20	53.00
436	0+436	386	1 013.00	1 014.07	6.03	64.00	62.55
436	0+436	386	1 008.00	1 008.96	7.51	51.42	56.80
500	0+500	386	1 007.52	1 008.56	6.61	58.36	57.63
600	0+600	386	1 006.43	1 007.48	4.34	88.87	86.38
700	0+700	386	1 005.35	1 006.16	3.94	98.01	124.21
800	0+800	386	1 004.26	1 005.21	3.23	119.36	129.86
900	0+900	386	1 003.17	1 004.85	2.19	175.96	110.34
1 000	1+000	386	1 002.00	1 003.88	4.06	95.17	56.85
1 100	1+100	386	1 001.65	1 002.85	4.47	86.38	75.26
1 200	1+200	386	1 001.29	1 002.64	3.04	127.07	97.42
1 300	1+300	386	1 000.94	1 002.60	1.93	200.28	125.48
1 400	1+400	386	1 000.58	1 001.97	3.24	119.24	88.81
1 500	1+500	386	1 000.23	1 001.63	2.76	139.78	104.49
1 535	1+535	386	1 000.10	1 001.51	2.71	142.32	103.77

（7）维护岸坡稳定

乌拉山南侧废弃砂石坑（刁人沟河道）为季节性河流，汛期为泄洪通道，行洪时对岸坡的冲刷损毁严重，两岸无绿化，岸坡裸露，河道护岸年久失修，破损严重。乌拉山南侧废弃砂石坑（刁人沟河道）治理区工程中护岸工程采用平顺坡式护岸，依据主流流势，对迎流顶冲段且植被破坏严重的岸坡进行防护，以减少对滩坡的冲刷，达到"固滩保地"的作用，本项目岸壁最薄的（1+100）桩号处的左岸边坡为安全状态，其他的岸壁厚度均大于（1+100）桩号的左岸边坡，故也为安全状态。

（8）提高植被覆盖度

矿山地质综合治理工程通过采取削坡、清理、整平、覆土、塌体清理、防护堤导流、泥石流物源镇压清运和生态修复等工程措施，可减少占用破坏土地面积，恢复自然地形地貌，恢复地表植被，有效提高林草植被覆盖度，增加植被面积 12.2 km²，提高土壤的涵养能力，减少水土流失，强化矿山生态屏障功能，使其成为西北部与华北部控制沙害风害的重要防御区，可解决因矿业开发遗留的矿山环境地质问题，消除现状情况下治理区存在的地质灾害隐患，恢复和重塑治理区内的地形地貌景观，改善附近居民的生产和生活环境。

7.2.3 社会效益

矿山地质环境综合治理工程所产生的社会效益主要包括 3 个方面：减少自然灾害、促进就业和恢复地形地貌。

（1）减少自然灾害

由矿业开发活动造成的矿山地质环境问题主要为占用和破坏土地资源、影响和破坏地形地貌景观、影响和破坏地下含水层、引发地质灾害、影响乌梁素海水质以及影响河道行洪安全。

1）占用和破坏土地资源。

矿业开发引起的土地资源破坏点多面广，程度各不相同，损毁单元主要为露天采场、废石（渣）堆以及工业广场等。

2）影响和破坏地形地貌景观。

治理区内设有乌拉山天然林自然保护区，治理区内现状情况下存在的露天采坑、废石（渣）堆不同程度地改变了治理区内原有的地形条件与地貌特征，对地形地貌景观造成了不同程度的影响。

3）影响和破坏地下含水层。

乌拉山林区地下水类型主要划分为松散岩类孔隙水和基岩裂隙水两大类。松散岩类孔隙水含水厚度不均，一般为 3～12 m；基岩裂隙水含水层为各矿区基岩，裂隙深度不稳定，含水层厚度一般为 53.43～45.13 m。

4）引发地质灾害。

乌拉山林区因矿业开发所引起的地质灾害隐患类型主要为崩塌、泥石流，形成的地灾隐患点较多，分布零星。

5）影响乌梁素海水质。

由于山体破坏，废石（渣）堆遍布，地表植被退化，草原沙化，地表涵养功能退化，每逢雨季、汛期矿山大量的砂石、腐殖质随洪水进入乌梁素海，使其水质受到影响。

6）影响河道行洪安全。

乌拉特前旗刁人沟河道整治工程由于沟道现状行洪不畅，护岸年久失修，破损严重，河床及岸坡存在进一步淘蚀风险，严重影响行洪安全。

矿山地质环境综合整治工程通过采取清除危岩体、回填（清理）、拆除、整平、覆土、自然恢复植被等工程措施，减少占用、破坏的土地面积，恢复自然地形地貌，恢复地表植被，能有效提高林草植被覆盖度，提高土壤的涵养能力，减少水土流失，控制扬沙扬尘，避免山体滑坡、坍塌，消除次生地质灾害发生，强化矿山生态屏障，使其成为西北部与华北部控制沙害风害的重要防御区。该工程的实施对修复乌梁素海流域生态系统结构，提高黄河生态服务功能具有不可替代的作用。

（2）促进就业

矿山地质环境综合整治工程除部分技术与管理人员外，职工也从当地招收，为当地各类建筑单位提供了工作机会，有助于提升乌拉特前旗就业率。

（3）恢复地形地貌

景观评价是指审美主体从生理感知与心理感知角度出发，结合艺术学、建筑学、生态学、地理学、心理学等多学科领域观点，并依靠某种定性或定量手段，以某种评判标准作为依据，在调研基础上对景观的价值作出综合性的认知与判断，并能预见拟建设区域的潜在影响因素，为景观未来的设计规划及建设运营提供相应决策与判断的评价方式。

矿山地质环境综合整治工程景观评价体系主要包括 4 个方面，即景观格局类型水平、景观要素的动态变化特征、景观干扰度指数和景色质量评价。

1）景观格局类型水平。

景观格局指数是对景观和斑块的大小、边界、形状等特征的定量描述，通过生态学和景观生态学的原理对其分析并赋予生态学意义，在揭示景观结构功能与生态过程中具有重要作用。通常选取不同层次的景观格局指数对不同时段的景观格局的变化进行综合分析，可较好地反映区域生态环境变化状况。

本书借鉴一些学者的研究成果，在景观格局指数中选取了斑块数量（NP）、平均斑块面积（MPS）、最大斑块指数（LPI）对景观格局特征进行评价。

①斑块数量：用于衡量目标景观的复杂程度，NP 值越大说明景观构成越复杂。

$$NP = n_i \qquad (7-19)$$

式中，n_i——景观类型 i 斑块数，个。

乌拉山北麓铁矿区矿山地质环境治理项目共包含 15 个治理区，面积共计 110.75 km^2。故认为乌拉山北麓铁矿区矿山地质环境治理项目共含有 15 个斑块。

乌拉山南侧废弃砂石坑治理区共划分为 11 个治理区，面积共计 9.99 km^2。乌拉山南侧废弃砂石坑（刁人沟河道）治理区共划分为 3 个治理区，面积共计 4.29 km^2。故认为乌拉山南侧废弃砂石坑矿山地质环境治理工程共含有 14 个斑块。

乌拉特前旗大佘太镇拴马桩—龙山一带废弃石灰石矿地质环境治理区共划分为 4 个治理区，内含 9 个治理亚区，面积共计 19.928 1 km^2。故认为乌拉特前旗大佘太镇拴马桩—龙山一带地质环境治理区含有 9 个斑块（表 7-8）。

表 7-8　矿山地质环境综合整治工程各治理区斑块数量　　　　　　　单位：个

治理区域	斑块数量
乌拉山北麓铁矿区	15
乌拉山南侧废弃砂石坑治理区	14
乌拉特前旗大佘太镇拴马桩—龙山一带废弃石灰石矿治理区	9

②平均斑块面积：用于衡量景观总体完整性和破碎化程度，即 MPS 值越大说明景观越完整，破碎化程度越低（表 7-9）。

$$MPS = \frac{A_i}{n_i} \tag{7-20}$$

式中，A_i——景观类型 i 斑块数；

n_i——景观类型 i 斑块面积。

表 7-9 矿山地质环境综合整治工程各治理区平均斑块面积 单位：km²

治理区域	MPS
乌拉山北麓铁矿区	7.38
乌拉山南侧废弃砂石坑治理区	1.02
乌拉特前旗大佘太镇拴马桩—龙山一带废弃石灰石矿治理区	2.21

③最大斑块指数：用于确定区域景观优势类型。

$$LPI = \frac{\max(a_1, \cdots, a_n)}{A} \times 100\% \tag{7-21}$$

式中，$\max(a_1, \cdots, a_n)$——某一景观类型最大斑块的面积。

矿山地质环境综合整治工程在经清运回填、削坡、清除危岩体、土方平整、撒播草籽等工程后，各斑块在景观中占较大比例的为草地。

2）景观要素的动态变化特征。

乌拉山南侧废弃砂石坑矿山治理工程主要工程措施为清运回填、削坡、清除危岩体、土方平整、撒播草籽等工程，且乌拉山南侧废弃砂石坑矿山各斑块中草地占景观较大比例，故计算矿山工程实施前后草地变化情况。

土地利用变化强度（S）：土地覆盖变化强度指数各土地覆盖类型面积的变化幅度与变化速度及区域土地覆盖变化中的类型差（表 7-10）。

$$S = \frac{U_b - U_a}{U} \times 100\% \tag{7-22}$$

式中，U_a、U_b——研究初期和末期某一景观类型的面积；

U——研究区总面积。

表 7-10 矿山地质环境综合整治工程各治理区草地变化强度 单位：%

治理区域	S
乌拉山北麓铁矿区	7.16
乌拉山南侧废弃砂石坑治理区	11.39
乌拉特前旗大佘太镇拴马桩—龙山一带废弃石灰石矿治理区	11

3）景观干扰度指数。

景观干扰度指不同景观类型的生态系统在自然或人为干扰情况下的受影响程度，在一定程度上可以被看作景观空间生态风险的一种表征，即景观生态干扰度高的地方生态风险也高，反之则低。本章借助景观破碎度指数、景观优势度指数和景观分离度指数加权求和构建干扰度指数。计算式如下：

$$E_i = a \times C_i + b \times N_i + c \times D_i \qquad (7\text{-}23)$$

式中，C_i——景观 i 破碎度；

　　　N_i——景观 i 分离度；

　　　D_i——景观 i 优势度；

　　　a、b、c——各指标的权重，且 $a+b+c=1$，根据众多学者的研究，普遍认为破碎度对干扰生态系统作用最大，其次为分离度和优势度，因此分别赋予权重值：$a=0.5$、$b=0.3$、$c=0.2$。

①破碎度：表征景观被分割的破碎程度，反映景观空间结构的复杂性，在一定程度上反映了人为干扰对景观的影响程度。

$$C_i = \frac{n_i}{A_i} \qquad (7\text{-}24)$$

式中，n_i——景观类型 i 斑块数；

　　　A_i——景观类型 i 斑块面积。

②分离度：表征某一景观类型中不同斑块个体分离程度，景观分离度越大，表示景观斑块在空间分布上越分散。

$$N_i = \frac{1}{2}\sqrt{\frac{n_i}{A}} \times \frac{A}{A_i} \qquad (7\text{-}25)$$

式中，A——景观总面积。

③优势度：表示某一景观类型斑块在一个景观中的优势程度，景观在某种类型斑块的优势度越高，则景观受该类型斑块的支配程度越高。

$$D_i = 景观最大类型 i 的斑块面积/样区的总面积$$

表 7-11 为矿山地质环境综合整治工程各治理区景观干扰度指数。

表 7-11　矿山地质环境综合整治工程各治理区景观干扰度指数

治理区域	景观干扰度指数
乌拉山北麓铁矿区	0.79
乌拉山南侧废弃砂石坑治理区	1.39
乌拉特前旗大佘太镇拴马桩—龙山一带废弃石灰石矿治理区	0.93

4）景色质量评价。

对于景色质量评价部分，本章选取了地形、植被、水体、色彩、毗邻风景、特异性和人文变更7 个指标（表 7-12），根据形式美法则从景观的形式、线条、颜色以及结构等方面对研究区域的景色质量状况进行衡量。

该项目的指标评定共设 A_1、A_2、A_3、B、C_1、C_2 六个等级（表 7-13）。

表 7-12   景色质量评分

景观因素	评分标准	分值
地形	高耸入云陡峭险峻的山峰，其中附有奇峰怪石	5
	峡谷地带、细部景物尚能为人瞩目	3
	低矮的丘陵或谷地、缺乏吸引人的细部和景物	1
植被	在造型、质感、类型方面具有吸引人的多种多样的植被、品种	5
	有一些植被变化，但仅为一两个品种	3
	植被没有或者缺乏变化	1
水体	在风景中起着主导作用，清澈透明	5
	流畅但在风景中不起主导作用	3
	缺乏或无清洁的水	0
色彩	多样而生动丰富的色彩配合，或令人愉悦的土壤、岩石、植被、水体的色彩对比	5
	有一些色彩的变化，但没有起主导作用的景色要素	3
	色彩变化微小、单调	1
毗邻风景	提高了本地区景观质量	5
	对本地区景观质量有较小程度提高	3
	对本地区景观质量无影响	0
特异性	独树一帜，在本地区极为稀少	6
	尽管部分与其他景色相同，但尚有自身特色	2
	在本地区极为常见	1
人文变更	因人文变更丰富了景观	2
	景观质量被不协调的人工因素损害，但尚未对本地区构成全面危害或者人为变更对本地区景观变化影响不大	0
	变更大范围地损害了景观质量	−4

表 7-13   景色质量评分

	A			B	C	
	A₁	A₂	A₃		C₁	C₂
景观质量得分	28～33	23～27	19～22	12～18	7～11	0～6

根据表 7-14 得出，乌拉山北麓铁矿区矿山地质环境治理工程景色质量属于 B 等级、乌拉山南侧废弃砂石坑矿山地质环境治理工程景色质量属于 B 等级、乌拉特前旗大佘太镇拴马桩—龙山一带废弃石灰石矿治理区景色质量属于 B 等级。

表 7-14   景色质量评分情况

治理区域	地形	植被	水体	色彩	毗邻风景	特异性	人文变更	总分
乌拉山北麓铁矿区	2	4	0	3	2	1	1	13
乌拉山南侧废弃砂石坑治理区	2	4	0	3	2	1	2	14
乌拉特前旗大佘太镇拴马桩—龙山一带废弃石灰石矿治理区	2	4	0	4	3	1	2	16

5）景观评定结果。

将研究区评价结果分为优、良、中、差四个评价等级，参考黄士真的研究和现场调研资料，拟定每个评价结果的含义如表 7-15 所示。

表 7-15　景观评价等级及其含义

等级	含义
优	景色质量极佳；生态环境、生态格局质量很高
良	景色质量较好；生态环境、生态格局质量较好
中	景色质量平平；生态环境、生态格局质量中等
差	景色较差；社会关注度低

通过从景观格局类型水平、景观要素的动态变化特征、景观干扰度指数和景色质量评价等级方面对矿山地质环境综合整治工程各治理区进行综合评定，评定结果为中级，具体评定结果如表 7-16 所示。

表 7-16　景观评价结果

矿山地质环境综合整治工程	综合评价等级	景观格局类型水平			景观要素的动态变化特征	景观干扰度指数	景色质量评价
		斑块数量/个	平均斑块面积/km²	最大斑块占比			
乌拉山北麓铁矿区矿山地质环境治理工程	中	15	7.38	草地	草地变化强度为增加 7.12%	0.79	B
乌拉山南侧废弃砂坑矿山地质环境治理工程	中	14	1.02	草地	草地变化强度为增加 11.2%	1.39	B
乌拉特前旗大佘太镇拴马桩—龙山一带废弃石灰石矿矿山地质环境治理工程	中	9	2.21	草地	草地变化强度为增加 11%	0.93	B

7.2.4　经济效益

矿山地质环境综合整治工程产生的经济效益主要包括降低灾害成本和降低企业生产成本带来的经济效益。

（1）降低灾害成本

乌拉山林区因矿业开发所引起的地质灾害隐患类型主要为崩塌、泥石流，形成的地质灾害隐患点较多，分布零星。由于山体破坏，废石（渣）堆遍布，地表植被退化，草原沙化，地表涵养功能退化，每逢雨季、汛期大量的矿山砂石、腐殖质随洪水进入乌梁素海，使其水质受到影响，每年都会带来巨大的直接经济损失和间接经济损失。在进行地质环境治理后，通过采取对应措施，这些损失都可大幅减少或避免。

（2）降低企业生产成本

矿山企业在生产过程中除蒙受地质灾害和环境污染带来的直接损失外，还要支付额外的成本，即居民补偿费、事故赔偿费、污染罚款、设备的损失、房屋与道路破坏的损失、停产的损失等。这些额外成本会对企业的信誉和日后发展经营造成极大损害。在进行环境治理后，可减少矿区疾病的发病率，减少矿区生产事故的发生，从而降低企业的生产成本。

7.3 水土保持与植被修复工程

通过对工程所在的水土流失地区进行治理，从源头带、过程带、湖滨带进行控制，减少入湖泥沙量，削减入湖污染物量，实现"清水产流"的目标，对改善入湖水质具有重要的现实意义，也对构建乌梁素海水土资源及生态系统的和谐发展具有深远的战略意义。

7.3.1 评价指标

水土保持与植被修复工程包括植树造林、新建湿地和草原修复，其中，森林生态系统功能服务效益评价指标体系由供给服务、调节服务、支持服务 3 个一级指标和 5 个二级指标构成；湿地生态系统功能服务效益评价指标体系由供给服务、调节服务、支持服务 3 个一级指标和 5 个二级指标构成；草原生态系统功能服务效益评价指标体系由供给服务、调节服务、支持服务和文化服务 4 个一级指标和 11 个二级指标构成，根据工程实际所属类型及服务特点选择相应内容并建立森林、草原、湿地评价指标体系（表 7-17～表 7-19），指标体系的建立与计算参照《森林生态系统服务功能评估规范》（GB 38582—2020）、《湿地生态系统服务评估规范》（LY/T 2899—2017）、《草原生态系统服务功能评估规范》（DB21/T 3395—2021）。

表 7-17　森林生态系统功能服务效益评价指标体系

一级指标	二级指标	三级指标	评估内容
支持服务	保育土壤	固土	减少土壤侵蚀量
		保肥	减少营养物质流失
调节服务	涵养水源	调节水量	林地降雨蓄积
		净化水质	雨水净化
	固碳释氧	固碳	吸收 CO_2 效益
		释氧	释放 O_2 效益
	净化大气	吸收气体污染物	吸收 SO_2 效益
		滞纳降尘	阻滞降尘效益
		防风固沙	防风固沙效益
供给服务	生物多样性	植物资源	提高植被覆盖度

表 7-18　湿地生态系统功能服务效益评价指标体系

一级指标	二级指标	三级指标	评估内容
供给服务	水资源供给	涵养水源	湿地增加蓄水量
	原材料供给	芦苇收割	芦苇价值
调节服务	改善水质	净化水质	污染物降解
	固碳释氧	固碳	吸收 CO_2 效益
		释氧	释放 O_2 效益
支持服务	生物多样性	动植物资源	提高物种稳定性

表 7-19 草原生态系统功能服务效益评价指标体系　　　　　　　　单位：元/hm²

一级指标	二级指标	单位面积生态系统服务价值
调节服务	气体调节	374.72
	气候调节	340.65
	净化环境	1 056.02
	水文调节	715.37
文化服务	景观价值	170.33
供给服务	食物生产	34.07
	原料生产	102.20
	水资源供给	68.13
支持服务	土壤保持	442.85
	维持养分循环	34.07
	生物多样性	408.78

7.3.2 支持服务

（1）森林系统支持服务

1）保育土壤。

①固土效益。

利用造林后（林、草）地面的侵蚀模数与造林前或无措施地块（耕地、荒坡）的侵蚀模数可求出项目实施后减少的土壤侵蚀量，计算式如下：

$$\Delta S_m = S_{mb} - S_{ma} \tag{7-26}$$

式中，ΔS_m——减少侵蚀模数，t/hm²；

S_{mb}——治理前（无措施）侵蚀模数，t/hm²；

S_{ma}——治理后（有措施）侵蚀模数，t/hm²。

表 7-20 为乌梁素海周边水土流失情况。

表 7-20 乌梁素海周边水土流失情况

侵蚀分级	平均侵蚀模数/[t/（km²·a）]	面积/hm²	侵蚀年限/a	侵蚀量/t
轻度侵蚀	1 000	18 960	1	189 595.89
中度侵蚀	3 000	7 093	1	212 802.98
强度侵蚀	6 500	711	1	46 200.08
极强度侵蚀	10 000	893	1	89 345.85
剧烈侵蚀	15 000	891	1	133 590.60
合计		28 545		671 535.40

a. 乌拉特前旗乌拉山南北麓林业生态修复工程。

根据乌拉特前旗资料可知，乌梁素海周边年均侵蚀模数为 23.56 t/hm²，处于中度侵蚀状态，项目实施后，平均侵蚀模数由中度侵蚀变为轻度侵蚀，即 10 t/hm²，平均减少土壤侵蚀量 13.56 t/hm²，施工区域有效治理面积为 1 967 hm²。根据实际采样调查，该地区土壤平均容重约为 0.98 g/cm³，经计算，南北麓林业生态修复工程有效减少的土壤侵蚀总量为 2.72 万 m³/a，固土价值为 34.27 万元/a。

b. 湖滨带生态拦污工程。

湖滨带生态拦污工程施工区域有效林地面积为 157.16 hm²，经计算，项目实施有效减少的土壤侵蚀总量为 2 367.88 m³/a，固土价值为 2.98 万元/a。

c. 乌梁素海周边造林绿化工程。

施工区域有效治理面积为 223.4 亩，约合 14.89 hm²，经计算，村屯绿化造林工程有效减少的土壤侵蚀总量为 169.67 m³/a。根据实际采样调查，该地区土壤平均容重为 1.19 g/cm³，即 1.19 t/m³，结合平均土壤流失减少量 13.56 t/hm²，经计算可知，固土价值为 0.22 万元/a。

通过上述计算分析，水土保持与植被修复工程实施后，林地固土价值为 37.53 万元/a。

②减少泥沙淤积效应。

乌梁素海年洪水量为 5 000 万 m³，其中携带的大量泥沙汇入河道及乌梁素海，造成泥沙淤积，严重影响河道及湖区水利条件，减少湖泊储水量，加速湖体沼泽化进程。造林工程施工后，可有效减少因洪水而汇入河道及湖区的泥沙含量，根据实际调查，湖区底泥容重为 1.38 g/cm³，即 1.38 t/m³；项目实施后，形成林地面积 2 139.05 hm²，有效减少土壤侵蚀总量 29 033 t，约为 20 990.58 m³ 湖区库容，单位库容造价 5.714 元/m³，经计算，南北麓林业生态修复工程实施后，减少泥沙淤积的效益为 11.99 万元/a。

2）土壤保肥效益。

对现场土壤样品进行采样检测，湖滨带生态拦污治理区土壤中，有机质、N、K、P 的质量浓度分别为 1.26 g/kg、0.42 g/kg、11.53 g/kg、1.36 g/kg；南北麓林业生态修复工程区土壤中，有机质、N、K、P 的质量浓度分别为 3.98 g/kg、0.32 g/kg、14.8 g/kg、0.79 g/kg；乌梁素海周边造林绿化区土壤中，有机质、N、K、P 的质量浓度分别为 5.12 g/kg、0.36 g/kg、16.14 g/kg、0.87 g/kg；土壤保肥价值计算见式（7-18）。

根据乌拉特前旗资料可知，乌梁素海周边年均侵蚀模数为 23.56 t/hm²，处于中度侵蚀状态，项目实施后，平均侵蚀模数由中度侵蚀变为轻度侵蚀，即 10 t/hm²，平均减少土壤侵蚀量 13.56 t/hm²；湖滨带生态拦污项目实施后，新增森林面积 157.16 hm²，有效减少的土壤侵蚀总量为 2 131.09 t，经计算，湖滨带生态拦污工程实施后，等效减少土壤肥力合约磷酸二氨肥 25.58 t；氯化钾肥 49.16 t；有机质肥 2.69 t，可有效减少肥力流失效益 17.04 万/a。乌梁素海周边造林绿化工程实施后新增森林面积 223.4 亩，约合 14.89 hm²，有效减少的土壤侵蚀总量为 201.91 t，经计算，可减少土壤肥力合约磷酸二氨肥 1.68 t；氯化钾肥 6.52 t；有机质肥 1.03 t，可有效减少肥力流失效益 1.87 万/a。南北麓林业生态修复工程实施后，新增林地面积 2.95 万亩，约合 1 967 hm²，有效减少的土壤侵蚀总量为 2.67 万 t，经计算，项目实施后等效减少土壤肥力合约磷酸二氨肥 200.71 t；氯化钾肥 790.32 t；有机质肥 106.27 t，项目可有效减少土壤肥力流失效益 225.44 万/a。水土保持与植被修复项目实施后林地可有效减少土壤肥力流失效益 244.35 万元/a。

（2）湿地系统支持服务

湖滨带人工湿地工程在自然湿地和废弃坑塘的基础上，通过坑塘开挖、水利疏导的方式新增人工湿地，扩大了湿地面积，为野生动物提供了栖息地，有利于提高湿地物种多样性，维持湿地生态系统的稳定性，是湿地系统长期发挥污染物削减功能的重要保障，具体评估如下：

乌梁素海 2020 年生态调查结果显示，乌梁素海水鸟共记录到 66 种，个体数量 64 423 只，鸟类动物 Margalef 指数为 5.87，其中，国家重点保护动物（鸟纲）61 种，国家一级重点保护动物（鸟纲）15 种，国家二级重点保护动物（鸟纲）46 种，根据 2016 年、2020 年水鸟调查报告可知，2016 年乌梁素海湿地水禽自治区级自然保护区内累计调查鸟类数量 254 种。2020 年累计调查鸟类数量 258 种，其中包括 1 种极危物种，4 种濒危物种，8 种易危物种，14 种近危物种，2 种未认可物种，其余 229 种鸟类均为低度关注物种，新增长尾鸭等新物种；部分鸟类数量明显增加，例如，灰雁数量由原来的不到 10 只增加到 648 只，白骨顶数量增加了 20 万只左右，鸟类生物多样性及物种稳定性明显提高，表明人工湿地的修复及构建工程为鸟类提供了一个适宜的繁殖和栖息环境，为乌梁素海湖区湿地的生态系统稳定性提供了有力保障。

本项目新增人工湿地 47.18 hm²，扩大了湿地面积，为野生动物提供了栖息地。人工湿地生物栖息地维持服务功能价值估算，采用美国经济生物学家 Costanza 等（1997）研究的湿地避难所价值为 304 美元/hm²（汇率取 6.45）。经计算，湖滨带人工湿地支持服务价值为 9.25 万元/a。

通过对湿地生态系统中的生物物种及丰富度分析可知，湖滨带生态拦污工程湿地建立后，乌梁素海湖区湿地物种稳定性和生态系统的稳定性均有提高，有利于野生动植物的保护和湿地生态系统的可持续性发展，并在提高湿地削减入湖污染物效果的基础上为水生动植物的生长和繁殖提供了适宜环境，创造支持服务价值 9.25 万元/a。

（3）草地系统支持服务

乌梁素海水土保持及植被修复工程结束后，新增草地面积 4 733.12 hm²；工程实施后，可有效减少乌梁素海流域荒漠、草原等区域土壤流失，维持土壤中的 N、P、K 等元素含量，有利于植被的生长和土地修复，同时，工程的实施还可为野生动物提供一定的栖息环境，为维护生物多样性发挥着积极作用；经计算，该项目土壤保持价值为 209.61 万元/a，维持土地养分循环价值为 16.13 万元/a，生物多样性支持价值为 193.48 万元/a，水土保持与植被修复工程草原系统支持服务效益为 419.22 万元/a。

乌梁素海东岸荒漠草原生态修复示范工程新增草地面积 6 万亩，湖滨带生态拦污工程新增草地面积 733.12 hm²，经现场采样检测，东岸荒漠草原土壤容重为 0.94 g/cm³，湖滨带土壤容重为 0.9 g/cm³，经计算，东岸荒漠草原减少土壤侵蚀量为 5.42 万 m³/a；等效减少土壤肥力合约磷酸二氨肥 332.63 t/a，氯化钾肥 1 610.82 t/a，有机质肥 168.56 t/a。

湖滨带生态拦污工程减少的土壤侵蚀量为 1.1 万 m³/a；等效减少的土壤肥力合约磷酸二氨肥为 118.87 t/a，氯化钾肥为 228.29 t/a，有机质肥为 12.47 t/a。

7.3.3　调节服务

（1）森林系统调节服务

1）涵养水源。

①涵养水量。

湖滨带生态拦污工程实施后，有效提高了当地森林覆盖度，可根据森林区域的水量平衡来求森林涵养水源总量，森林拦蓄水源的总量是降水量与森林地带蒸散量及其他消耗的差，计算式为

$$T=A（P-E-C） \tag{7-27}$$

式中，T——森林拦蓄水量，m³；

　　　A——森林拦蓄降水面积，m²；

　　　P——降水量，mm；

　　　E——蒸散量（林区），mm；

　　　C——地表径流量，mm，因为林区地表径流量很小，可忽略不计。

乌拉特前旗年降水量为 200～250 mm，主要集中在 6—9 月，占全年降水量的 78.9%，流域年蒸发量为 1 900～2 300 mm；据调查，我国森林年蒸散量占全国总降水量的 30%～80%，全国平均蒸散量为 56%，因此将湖滨带林区蒸散量定为年降水量的 60%，即林区拦蓄的降水 60%用于自身生长和蒸腾，剩余 40%为涵养水源量。取单位库容造价 5.714 元/m³，水土保持与修复项目造林工程涵养水源效益计算式如下：

$$W_1=T\times V_1 \tag{7-28}$$

式中，W_1——林区涵养水源效益，元/a；

T——林区拦蓄水量，m³/a；

V_1——单位体积等效水库库容造价，元/m³。

水土保持与植被修复项目区年降水量为 200 mm，湖滨带生态拦污工程实施后新增林地面积 157.16 hm²，经计算，湖滨带造林工程涵养水量约为 12.57 万 m³/a，项目带来涵养水源效益约为 71.82 万元/a。乌拉山南北麓林业生态修复工程实施后新增林地面积为 2.95 万亩，约 1 967 hm²，经计算，项目涵养水量约为 157.36 万 m³/a，项目带来涵养水源效益约为 899.15 万元/a。乌梁素海周边造林绿化工程实施后新增林地面积为 223.4 亩，约 14.89 hm²，经计算，乌梁素海周边造林绿化工程涵养水量约为 1.19 万 m³/a，项目带来涵养水源效益约为 6.8 万元/a。因此，水土保持与植被修复项目造林工程带来涵养水源总效益约为 977.77 万元/a。

②净化水质。

林木的林冠层、草地和土壤层能过滤、截留水中的污染物，降低污染物浓度，在蓄水的同时也在一定程度上净化了水质，森林对水质的净化作用等同于人工污水厂对污水处理的过程，因而森林净化水质单位价格可用工业净化水质的成本费用代替，以内蒙古上海庙镇污水处理成本 1.5 元/t 为依据，水土保持与植被修复项目造林工程水质净化效益计算式如下：

$$W_2=T\times V_2 \tag{7-29}$$

式中，W_2——林区净化水质效益，元/a；

T——森林拦蓄水量，m³/a；

V_2——污水处理成本，元/t。

经计算，水土保持与植被修复项目林地带来水质净化效益为 256.69 万元/a。

2）净化大气。

①吸收 SO_2 效益。

根据《中国生物多样性国情研究报告》中的研究结果，阔叶林和针叶林平均吸收 SO_2 能力分别为 5.91 kg/（亩·a）和 14.37 kg/（亩·a）；本次南北麓林业修复工程取 5.91 kg/（亩·a），根据《排污费征收标准管理办法》，SO_2 的排污费征收标准为 630 元/t，采用面积吸收法计算可知，项目实施后，建成林地 32 080.8 亩，可吸收 SO_2 量 189.68 t，经计算，水土保持与植被修复项目造林工程吸收 SO_2 效益为 11.94 万元/a。

②阻滞降尘效益。

根据《中国生物多样性国情研究报告》中的研究结果，阔叶林和针叶林平均滞尘能力分别为 0.67 kg/（亩·a）和 2.21 kg/（亩·a）；根据 2010 年国家林业局研究结果，森林阻滞降尘的人工成本为 150 元/t，采用面积计算法可知，项目实施后，建成林地 32 080.8 亩，年阻滞降尘量约为 21.5 t，经计算，项目阻滞降尘效益为 3 225 元/a。

3）固碳释氧。

水土保持与植被修复工程共计成林 2 138.72 hm²，根据植物净生产力（NPP）与植物吸收 CO_2、释放 O_2 之间的关系，可以计算出水土保持项目实施后，林地固碳量为 1 753.12 t/a，释放氧气量为 4 732.82 t/a，根据国际碳汇价格 369.7 元/t，工业制氧成本 400 元/t 可知，水土保持与植被修复项目实施后，可带来的固碳效益为 64.81 万/a，释氧效益为 189.31 万/a，水土保持项目森林固碳释氧效益共计 254.12 万/a。

4）防风固沙。

防风固沙计算公式详见 7.1.2 节。

单位面积有林地的防风固沙能力最强为 22 695 t/km²，灌木林为 22 605 t/km²，低覆盖度草地的防风固沙能力为 12 338 t/km²，沙尘清理费用采用工业粉尘排污收费标准 150 元/t 进行估算，湖滨带生态拦污工程种植林地 890.28 hm²，乌拉特前旗乌拉山南北麓林业生态修复工程实施营造林植被生态修复 2.95 万亩，乌梁素海周边造林绿化工程种植面积 224.4 亩，经计算，各项工程固沙量分别为 20.12 万 t/a、44.46 万 t/a、0.34 万 t/a，固沙价值分别为 3 018 万元/a、6 669 万元/a、51 万元/a，可减少入河泥沙量，提升水环境质量，牢固防沙带屏障。

（2）湿地系统调节服务

1）水质净化效益。

根据初步设计文件，湖滨带生态拦污工程共建设人工湿地系统 47.18 hm²，仅坝头污水处理厂西侧人工湿地在使用过程中有明确的去除污染物需求，该人工湿地面积为 7.96 hm²。坝头污水处理厂日均进水量为 600 m³，根据西侧人工湿地进出水水质设计（表 7-21）。

表 7-21　人工湿地设计进出水水质

名称	COD_{Cr}/（mg/L）	TN/（mg/L）	NH_4^+/（mg/L）	TP/（mg/L）	pH
设计进水水质	50	15	5	0.5	6~9
设计出水水质	30	1.5	1.5	0.3	6~9
GB 3838—2002 Ⅳ类	30	1.5	1.5	0.3	6~9

项目工程实施后，坝头污水处理厂出水中 COD_{Cr}、N 和 P 等均有较好的处理效果，经计算，年削减量 COD_{Cr} 为 4.4 t，N 为 2.97 t，P 为 0.04 t；污水处理厂每去除 1 t COD_{Cr}、1 t N、1 t P 的成本分别约为 3 000 元、1 500 元、2 500 元，人工湿地水质净化效益计算式如下：

$$B_2 = \sum b_{2i} \times C_{2i} \tag{7-30}$$

式中，B_2——水质净化效益；

C_{2i}——污水处理厂第 i 种污染物处理成本，元/t；

b_{2i}——第 i 种污染物削减量，t/a。

经计算，湖滨带人工湿地水质净化效益为 1.78 万元/a。

2）固碳效益。

湖滨带构建人工湿地 47.18 hm²，约为 0.47 km²。根据 2017 年《乌梁素海湿地芦苇空间分部信息提取及地上生物量遥感估算》可知，乌梁素海流域湿地内芦苇面积约占湿地面积的 50%，乌梁素海湖区面积为 293 km²，全年芦苇总量为 7.92 万 t，因此，可以估算湖滨带人工湿地芦苇产量为 127.04 t，已知通过光合作用，植物每生成 1 kg 干物质，即可固定 1.63 kg 的 CO_2，取国际碳汇价格 369.7 元/t C，人工湿地固碳效益计算式如下。

$$B_7 = C \times 1.63 \times D \tag{7-31}$$

式中，B_7——湿地植物固定碳（27%的 CO_2）的量，t；

C——湿地植物干物质生产量，t；

D——等效植物光合作用的造林成本，元/t C（元/t 碳）。

经计算，湖滨带构建人工湿地固碳效益为 2.09 万元/a。

3）释氧效益。

湖滨带人工湿地修复与构建工程年产芦苇量约为 127.04 t，已知通过光合作用，植物每生成 1 kg 干物质，即可释放 1.2 kg 的 O_2，氧气效益按照等效工业制氧成本进行计算，选择采用中华人民共和国卫生部网站的氧气价格，即 400 元/t。

$$B_8 = 1.2 \times C \times D \tag{7-32}$$

式中，B_8——湿地释氧效益；

C——湿地植物干物质年质量，t；

D——等效制氧的工业制氧法成本，元/t。

经计算，湖滨带人工湿地工程氧气释放效益为 6.1 万元/a。

综上所述，湿地调节服务效益为 9.97 万元/a。

（3）草原系统调节服务效益

乌拉特前旗年降水量为 200～250 mm，主要集中在 6—9 月，占全年降水量的 78.9%，流域年蒸发量为 1 900～2 300 mm；项目建成后，新增草地面积为 4 733.12 hm^2，水土保持与植被修复工程的实施有利于改善当地气候环境，同时净化水资源，调节当地水文循环现状。经计算，水土保持与植被修复工程实施后，产生气体调节效益 177.36 万元/a，气候调节效益为 161.23 万元/a，净化环境效益为 499.83 万元/a，水文调节效益为 338.59 万元/a，草原系统调节服务效益为 1 177.01 万元/a。

单位面积有林地的防风固沙能力最强为 22 695 t/km^2，灌木林为 22 605 t/km^2，低覆盖度草地的防风固沙能力为 12 338 t/km^2，沙尘清理费用采用工业粉尘排污收费标准 150 元/t 进行估算，乌梁素海东岸荒漠草原生态修复示范工程恢复及种植草地 6 万亩，经计算，固沙量为 49.35 万 t/a，固沙价值为 7 403 万元/a；湖滨带生态拦污工程恢复草地 733.12 hm^2，固沙量为 9.05 万 t/a，固沙价值为 1 356 万元/a。项目的实施可减少入河泥沙量，提升水环境质量，牢固防沙带屏障。

7.3.4　供给服务

（1）森林、草地供给效益

1）林草覆盖面积提高。

主要通过计算提高地面植被覆盖程度来评价供给服务效益。

①计算项目供给服务效益。主要计算人工林草和封育林草新增加的地面覆盖度。

②计算方法。先求得原有林草对地面的覆盖度，再计算新增林草对地面的覆盖度和累计达到的地面覆盖度。

$$C_b = f_b / F \tag{7-33}$$

$$C_a = f_a / F \tag{7-34}$$

$$C_{ab} = (f_b + f_a) / F \tag{7-35}$$

式中，f_b——原有林草（包括人工林草和天然林草）面积，km^2；

f_a——新增林草（包括人工林草和封育林草）面积，km^2；

F——流域总面积，km^2；

C_b——原有林草的地面覆盖度，%；

C_a——新增林草的地面覆盖度，%；

C_{ab}——累计达到的地面覆盖度，%。

f_b与f_a都是实际保存面积。

③计算结果。

a. 湖滨带生态拦污工程。

通过查询资料，项目施工前对项目沿线 7 个村庄进行调查，从南至北依次为明很乃阿本、坝头、赛忽洞嘎查、西羊场嘎查、南昌村、坝湾、瓦窑毯，对工程范围内的耕地、林地、草地、交通运输用地、水域及水利设施用地、城镇村及工矿用地、其他用地等进行了统计分析（表 7-22）。

表 7-22　乌梁素海东岸调查现状林地情况

土地类型	耕地	草地	其他用地
面积/hm^2	1 302.87	1 295.12	476.04
占比/%	37.02	36.80	13.53
分部区域	坝头、西羊场嘎查西南部、坝湾至挖要滩	乌毛计闸至二点景区之间、坝头村至西羊场嘎查	南昌村附近

项目区总面积为 3 519.15 hm^2，原有林草总面积为 1 295.12 hm^2，新增林草总面积为 890.28 hm^2，其草原地面覆盖度由原来的 36.8% 提高到 62.1%。

b. 乌梁素海东岸荒漠草原生态修复示范工程。

通过查询资料，项目区所在的额尔登布拉格苏木下辖 7 个嘎查，土地总面积为 71.8 万亩，其中，林草地面积约为 6.69 万亩，林草覆盖度约为 9.32%，荒漠草原（污染地块整治、植被修复）工程植被修复区面积为 35.87 万 m^2，约 538 亩（表 7-23、表 7-24）。

表 7-23　荒漠草原（污染地块整治、植被修复）项目区林地情况

统计区域	林地/亩						
	合计	有林地	宜林地	未成林造林地	疏林地	灌木林	其他
额尔登布拉格苏木	66 877.76	317.63	22 295.44	16 827.52	—	10 699.33	16 737.84

表 7-24　项目区林地情况

项目区	总面积/m^2	平整覆膜区/m^2	覆土区/m^2	植被恢复区/m^2
1$^#$坑塘	122 894	113 820	122 894	122 894
2$^#$坑塘	164 649	69 598	164 649	164 649
3$^#$坑塘	71 153	11 582	71 153	71 153
总计	358 696	195 000	358 696	358 696

　　项目区原有林草总面积为 6.69 万亩，新增林草总面积为 6.05 万亩，项目区总面积为 71.8 万亩，项目实施后，该区域共新增林草面积 6.05 万亩，林草覆盖度从 9.32% 上升至 17.74%。

　　c. 乌拉特前旗乌拉山南北麓林业生态修复工程。

　　通过查询资料，项目区土地面积为 107.1 万亩（额尔登布拉格苏木土地总面积为 71.8 万亩，白彦花镇土地总面积为 35.3 万亩），其中，林地面积约 7.83 万亩，占总土地面积的 7.3%；非林业用地面积 99.27 亩，占总土地面积的 92.7%。林业用地中有林地 1 571.32 亩，宜林地 28 970.33 亩，未成林造林地 17 241.89 亩，灌木林地 12 210.12 亩，其他林地 18 316.71 亩（表 7-25）。

表 7-25　项目区林地情况

统计单位	林地/亩						
	合计	有林地	宜林地	未成林造林地	疏林地	灌木林	其他
额尔登布拉格苏木	66 877.76	317.63	22 295.44	16 827.52	—	10 699.33	16 737.84
白彦花镇	11 432.61	1 253.69	6 674.89	414.37	—	1 510.79	1 578.87
合计	78 310.37	1 571.32	28 970.33	17 241.89	—	12 210.12	18 316.71

　　项目区总面积 107.1 万亩，原有林草总面积为 7.83 万亩，占土地面积的 7.3%，新增林草总面积 2.95 万亩，其草原地面覆盖度由原来的 7.3% 提高到 10.07%。

　　d. 乌梁素海周边造林绿化工程。

　　通过查询资料，项目区新增绿化总面积 223.4 亩。

　　2）生物多样性。

　　主要根据我国森林生态系统服务功能评估、规范计算生物多样性功能保护的价值，计算式如下：

$$U_{生物} = S_{生} A \tag{7-36}$$

式中，$U_{生物}$——林分物种保育价值，元/a；

　　　　A——林分面积，hm^2；

　　　　$S_{生}$——单位面积物种损失的机会成本，元/（$hm^2 \cdot a$）。

　　根据 Shannon-Wiener 指数计算物种保育价值，共划分为 7 级：当指数<1 时，$S_{生}$ 为 3 000 元/（$hm^2 \cdot a$）；当 1≤指数<2 时，$S_{生}$ 为 5 000 元/（$hm^2 \cdot a$）；当 2≤指数<3 时，$S_{生}$ 为 10 000 元/（$hm^2 \cdot a$）；当 3≤指数<4 时，$S_{生}$ 为 20 000 元/（$hm^2 \cdot a$）；当 4≤指数<5 时，$S_{生}$ 为 30 000 元/（$hm^2 \cdot a$）；当 5≤指数<6 时，$S_{生}$ 为 40 000 元/（$hm^2 \cdot a$）；当指数≥6 时，$S_{生}$ 为 50 000 元/（$hm^2 \cdot a$）。保守估计项目损失机会成本<1，取 $S_{生}$=3 000 元/（$hm^2 \cdot a$）；项目完成森林面积 2 139.05 hm^2，经计算，项目生物多样性保护价值为 641.71 万元/a。

　　（2）草原系统供给服务

　　项目实施后，新增林草为当地畜牧业提供了牲畜食物，并提供了宝贵的加工原料，同时，草地面积的提高有利于当地水源涵养，经计算，水土保持与植被修复工程实施后，带来食物生产效益 16.13 万元/a，原料生产效益 48.37 万元/a，水资源供给效益 32.45 万元/a，草原系统供给服务效益共计 96.95 万元/a。草地涵养水源量为 299.2 万 m^3/a。

（3）湿地系统供给服务

1）水资源供给。

湖滨带构建人工湿地 47.18 hm²，平均水深 1～2 m，取 1.5 m，湿地库容约 70.8 万 m³，根据国家林业和草原局发布的《森林生态系统服务功能评估规范》（LY/T 1721—2008）采用水库蓄水成本 6.11 元/m³ 计算。

$$A_2 = B \times C \tag{7-37}$$

式中，A_2——水资源供给效益，万元/a；

　　　B——湿地蓄水量，m³；

　　　C——等效水库蓄水成本，元/m³。

经计算，湖滨带人工湿地水资源供给服务效益为 432.4 万元/a。

2）原材料供给。

湖滨带构建人工湿地 47.18 hm²，约为 0.47 km²。根据 2017 年《乌梁素海湿地芦苇空间分部信息提取及地上生物量遥感估算》可知，乌梁素海流域湿地内芦苇面积约占湿地面积的 50%，乌梁素海湖区面积为 293 km²，全年芦苇总量为 7.92 万 t，因此，可以估算湖滨带人工湿地芦苇产量为 127.04 t，芦苇价格按照当地渔场收购价 412 元/t 进行计算。

$$A_3 = B \times C \tag{7-38}$$

式中，A_3——原材料供给效益，万元/a；

　　　B——湿地年产芦苇总量，t；

　　　C——芦苇的市场价格，元/t。

经计算，湖滨带人工湿地原材料供给服务效益为 5.23 万元/a。

综上所述，湖滨带人工湿地修复及构建工程的供给服务效益为 437.63 万元/a。

7.3.5　文化服务

水土保持与植被修复项目实施后，共计新增草地面积为 4 733.12 hm²。草地面积的提高不仅为生态系统提供了支持、调节、服务效益，还向生态系统提供以自然景观为主的文化服务效益，经计算，水土保持与植被修复工程带来文化服务效益为 80.62 万元/a。

7.3.6　经济效益

（1）乌拉特前旗乌拉山南北麓林业生态修复工程

本项目为乌拉特前旗乌拉山南北麓林业生态修复建设项目，通过实施项目，增加人工造林和飞播造林面积 2.95 万亩。本项目经济收益来源主要为销售人工植苗造林的苗木产出：山桃、山杏、酸枣、枣、梨、苹果等，共计 16 266 亩，盛果期 15 年；经计算，乌拉山南北麓林业生态修复项目年收益共计 3 136.51 万～8 285.04 万元，运营期内收入合计为 47 047.65 万～124 275.6 万元（表 7-26）。

（2）乌梁素海东岸荒漠草原生态修复示范工程

项目对东岸荒漠草原进行了草地修复和管理养护，草料作为可利用资源，作为原料或草料出售可获取经济收入，为当地带来一定的经济效益。

表 7-26 项目经济果林年收益

种类	数量/亩	元/斤[①]	亩产/斤	价值/万元
山桃	3 830	1～1.5	1 000～1 300	383.00～746.85
山杏	3 736	1～2	3 000～5 000	1 120.8～3 736
酸枣	4 165	3～4	560～840	699.72～1 399.44
中小型苹果	2 487	0.9～1.5	3 000～5 000	671.49～1 865.25
枣	305	2.5～3	800～1 000	61.00～91.50
梨	262	0.5～1	4 000～6 000	52.4～157.2
契丹香果	1 481	1～1.5	1 000～1 300	148.1～288.8
总计	16 266	—	—	3 136.51～8 285.04

①牧草价格。

牧草价格按照当地市场年平均价格（300～400 元/t）计算，本次取 350 元/t。

②现状牧草产量预测。

通过现场调查、咨询、查阅相关文献，并依据《天然草原等级评定技术规范》（NY/T 1579—2007）中草原级的划分标准，项目区草原为 7～8 级。7 级牧草产量小于 500 kg/hm²，8 级牧草产量小于 250 kg/hm²。本次计算取 250 kg/hm²，则项目区 4 000 hm² 草场总产量为 1 000 t。

③经济收益。

工程实施后，预测项目区自然恢复区可达到《天然草原等级评定技术规范》（NY/T 1579—2007）中的 6～7 级，草原灌溉区可达到 5 级。6 级牧草产量 500～1 000 kg/hm²，5 级牧草产量 1 000～1 500 kg/hm²，本次自然恢复区牧草产量按 500 kg/hm²，草原灌溉区牧草产量按 1 250 kg/hm² 计算，项目实施经济收益计算如表 7-27 所示。

表 7-27 经济收益计算

区域	面积/万亩	现状牧草产量/（kg/hm²）	施工后牧草产量/（kg/hm²）	单价/（元/t）	增产/（kg/hm²）	收益小计/万元
自然恢复区	2.87	250	500	350	250	16.74
草原灌溉区	3.13	250	1 250	350	1 000	73.03

项目实施后，可带来草地经济收益 89.77 万/a，项目持续期 10 年，共计 897.7 万元。

（3）湖滨带生态拦污工程

①草地修复经济效益。

a. 牧草价格。

牧草价格按照当地市场年平均价格（300～400 元/t）计算，本次取 350 元/t。

b. 现状牧草产量预测。

通过现场调查、咨询、查阅相关文献，并依据《天然草原等级评定技术规范》（NY/T 1579—2007）中草原级的划分标准，项目区草原为 7～8 级。7 级牧草产量小于 500 kg/hm²，8 级牧草产量小于 250 kg/hm²。本次计算取 250 kg/hm²，项目区种植草地面积为 733.12 hm²，则项目区牧草总产量为 183.28 t。

---

① 1 斤=0.5 kg。

c. 经济收益。

工程实施后，预测项目区自然恢复区可达到《天然草原等级评定技术规范》（NY/T 1579—2007）中的 6～7 级，草原灌溉区可达到 5 级。5 级牧草产量 1 000～1 500 kg/hm²，本次牧草产量按 1 250 kg/hm² 计算，湖滨带生态拦污工程实施后，可有效增产牧草总量 733.12 t/a，带来草地经济收益 25.66 万元/a，项目持续期 10 年，共计 256.6 万元。

②经济果林效益。

通过湖滨带生态拦污项目的实施，增加经济林面积 1 210.8 亩，本项目经济收益来源主要为销售人工植苗造林的苗木产出：山桃、杏、沙枣、梨等，共计 87 162 株，盛果期 15 年；经计算，湖滨带生态拦污项目经济果林年收益为 288.68 万～730.73 万元/a，运营期内收入合计为 4 330.2 万～10 960.95 万元（表 7-28）。

表 7-28 经济果林年收益

种类	数量/亩	元/斤	亩产/斤	价值/万元
山桃	97.8	1～1.5	1 000～1 300	9.78～19.07
白梨	200.25	0.5～1	3 000～5 000	30.04～100.13
红梨	169.2	0.5～1	3 000～5 000	25.38～84.6
三色梨	184.8	0.5～1	3 000～5 000	27.72～92.4
油桃	53.85	2～3	3 000～5 000	32.31～80.78
李子树	56.25	1～1.5	3 000～5 000	16.88～42.19
杏树	55.65	1～2	3 000～5 000	16.7～55.65
鸡心果	56.7	1.5～2.2	2 000～3 000	17.01～37.42
软猕猴桃	114	3～4	2 000～3 000	68.4～136.8
葡萄	30	1～2	2 000～4 000	6～24
沙枣	192.3	2.5～3	800～1 000	38.46～57.69
总计	1 210.8	—	—	288.68～730.73

7.4 河湖连通与生物多样性保护工程

通过对现有一排干到九排干和总排干 10 条排干沟的深度净化工程，以及八排干、九排干、十排干人工湿地修复与构建工程，湿地修复面积为 1 513 hm²，改善水动力条件，提升水循环，净化入湖水质。通过乌梁素海湖区生态补水工程，全年补水 3 亿 m³。

7.4.1 评价指标

根据河湖连通与生物多样性保护工程内容，建立生态效益、经济效益和社会效益评价指标体系，如表 7-29、表 7-30 所示。

表 7-29　河湖连通与生物多样性保护工程绩效评价指标体系

一级指标	二级指标	三级指标
生态效益	改善水环境质量	削减入湖污染，提升水质
	改善沟道流通性	实现引排通畅，调活水流
	降低污染物潜在风险	降低底泥中污染物向水体释放的风险
	改善土壤环境	降低土壤盐碱化
		提高土壤肥力
	提高生物多样性	增加浮游植物、浮游动物和鱼类
经济效益	直接经济效益	灌溉增产效益
		节水效益
	间接经济效益	防洪减灾效益
		水质保持效益
		生态恢复与水土保持效益
社会效益	促进社会进步	保障生命及财产安全
		促进农业发展
		促进区域就业

表 7-30　湿地生态系统服务效益评估

一级指标	二级指标	评估范围	评估方法
供给服务	水资源供给	排干水量	根据修复和构建的人工湿地涵养水量等价与相同库容水库的储水成本进行计算
	原材料供给	原材料	芦苇可按照当地均价进行收购，该收购价格即可作为湿地原材料供给效益
调节服务	水质净化	污染物降解	$b_{2i}=Q_{2i}\times\rho$ b_{2i}：第 i 种污染物的年降解量，t； Q_{2i}：湿地中第 i 种污染物的年排放总量，t； ρ：湿地污染物平均处理率，%。 $B_2=\sum b_{2i}\times C_{2i}$ B_2：水质净化价值； C_{2i}：污水处理厂第 i 种污染物处理成本，元/t
	固碳	净碳交换	湿地植物通过光合作用来固定空气中的 CO_2，每生产 1 kg 干物质，等效固碳 1.63 kg。 $B_7=C\times1.63\times D$ B_7：湿地植物固定 CO_2 的量，t； C：湿地植物干物质生产量，t； D：碳汇价格，元/t C（元/t 碳）
	释氧	释放氧气	湿地释放氧气主要通过植物的光合作用来进行，根据光合作用方程，湿地植物每生成 1 kg 干物质，释放 1.2 kg 的 O_2。 $B_8=1.2\times C\times D$ C：湿地植物干物生产质量，t； D：工业制氧法成本，元/t
支持服务	生物多样性维持	丰富度指数	调查湿地内鱼类、大型植物、浮游植物、浮游动物、底栖动物等的物种数量及丰富度

7.4.2　生态效益

（1）改善水环境质量

1）乌梁素海流域排干沟净化与农田退水水质提升工程。

中国环境科学研究院相关工作人员于 2020 年 10 月和 2021 年 6 月对总排干、一排干、二排干、三排干、义通排干沟、皂沙排干沟、六排干、七排干新沟、七排干旧沟、八排干、九排干、十排干、老侯支沟以及斗沟、支沟、农沟、毛沟共计 16 个点位进行了底泥样品采集，对乌梁素海流域排干沟净化与农田退水水质提升工程去除排干沟底泥污染物效果进行评价。采样点位分布及点位信息如图 7-1 和表 7-31 所示。检测结果见表 7-32。

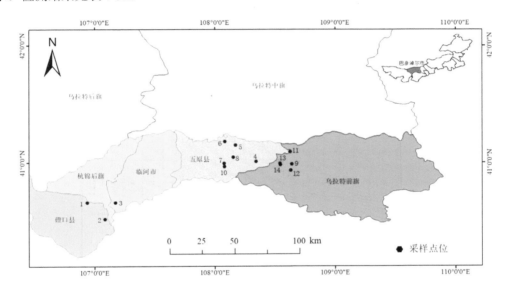

图 7-1　采样点位

表 7-31　采样点位信息

排干沟名称	点位编号	经度	纬度
一排干	1	106°94′01.03″E	40°65′00.83″N
二排干	2	107°08′66.14″E	40°50′17.44″N
三排干	3	107°17′30.08″E	40°65′00.22″N
义通排干沟	4	108°34′21.78″E	41°00′78.53″N
皂沙排干沟	5	108°17′30.06″E	41°14′42.14″N
六排干	6	108°08′42.53″E	41°17′50.97″N
七排干新沟	7	108°07′96.61″E	40°99′08.94″N
七排干旧沟	8	108°15′26.28″E	41°04′28.5″N
八排干	9	108°63′97.64″E	40°98′31.5″N
九排干	10	108°08′19.28″E	40°96′20.14″N
十排干	11	108°62′43.31″E	41°09′07.83″N
总排干	12	108°63′11.08″E	40°93′23.47″N
农沟	13	108°54′17.39″E	40°98′96.83″N
斗沟、支沟、毛沟	14	108°54′49.58″E	40°98′01.28″N
十排干（22+990～33+963）		108°59′14.06″E	40°77′20.36″N
老侯支沟		108°53′91.22″E	47°78′66.78″N

表 7-32　检测结果

名称	点位编号	TN/(g/kg)	TP/(g/kg)	有机质/(g/kg)	pH	含水率/%	全盐量/(g/kg)	容重/(g/cm³)	Hg/(μg/kg)	Cr/(mg/kg)	Cu/(mg/kg)	Zn/(mg/kg)	As/(mg/kg)	Cd/(mg/kg)	Pb/(mg/kg)
一排干	1	0.67	0.77	19.34	7.98	21.05	0.29	1.7	14.71	72.08	32.06	89.03	23.71	0.21	27.17
二排干	2	0.97	0.99	10.24	7.53	39.04	1.60	1.35	19.38	59.39	20.46	65.15	11.12	0.17	19.12
三排干	3	2.16	0.72	50.06	7.25	38.52	4.40	1.27	44.90	55.90	26.41	68.54	18.24	0.21	20.86
义通排干沟	4	0.47	0.64	0.57	7.61	29.26	0.56	1.63	14.87	56.95	20.04	62.48	14.71	0.16	19.33
皂沙排干沟	5	0.45	0.62	7.4	8.94	31.55	0.88	1.48	23.77	59.55	21.94	64.01	14.70	0.17	20.07
六排干	6	0.99	0.69	22.19	7.73	57.00	1.14	1.06	34.56	60.70	23.89	69.24	16.08	0.21	20.68
七排干新沟	7	1.22	0.71	3.41	7.54	56.8	2.26	1.11	30.99	67.37	29.95	85.98	22.24	0.32	24.67
七排干旧沟	8	0.84	0.64	15.36	7.92	26.41	1.88	1.35	30.4	54.76	19.86	59.49	13.80	0.18	18.66
八排干	9	1.10	0.65	30.72	7.85	23.32	1.56	1.51	49.86	50.01	20.17	63.85	13.26	0.19	17.34
九排干	10	0.77	0.67	23.89	7.81	28.61	0.295	1.39	30.99	57.84	23.37	69.95	15.06	0.18	20.36
十排干	11	0.38	0.50	9.1	8.21	27.26	1.12	1.52	19.7	46.40	14.27	45.12	8.163	0.15	15.20
总排干	12	0.77	0.67	23.89	7.81	28.61	0.30	1.39	30.99	57.86	23.37	69.95	15.06	0.18	20.33
斗沟	13	0.84	0.67	7.4	8.01	19.89	11.82	1.04	42.86	60.37	24.67	74.38	16.04	0.18	20.86
支沟	13	0.59	0.64	14.79	7.41	16.88	5.36	1.03	25.1	57.87	21.68	66.36	15.01	0.17	20.20
毛沟		0.72	0.66	19.91	8.17	13.63	3.93	1.04	35.11	58.10	22.27	71.00	14.84	0.19	19.30
农沟	14	0.53	0.67	17.64	7.92	11.51	1.99	1.04	29.03	58.82	23.81	67.69	16.71	0.17	20.28
十排干（22+990~33+963）		0.30	0.54	0.3	8.68	29.3	10.4	1.52	14	38	9	48	4.48	0.08	32
老侯支沟		0.53	0.52	6.7	8.56	36.1	7.9	1.45	20	49	20	75	6.82	0.08	44
中国土壤背景值		—	—	—	—	—	—	—	150	90	35	100	15	0.2	35

由表 7-32 可知，总排干等沟道底泥中 Hg、Cr、Cu、Zn 和 Pb 的浓度均低于中国土壤背景值，一排干、三排干、六排干、七排干新沟、九排干、总排干、支沟和农沟底泥中 As 的浓度超中国土壤背景值，一排干、三排干、六排干和七排干新沟底泥中 Cd 的浓度超中国土壤背景值，十排干（22+990～33+963）和老侯支沟底泥中 Pb 高于中国土壤背景值。

2）人工湿地构建与修复工程。

九排干年均水量以 2020 年计，其中，八排干年均水量为 746.75 万 m³，九排干年均水量为 271.32 万 m³；十排干年均水量以 2018 年计，根据现场采样及检测数据，人工湿地年均削减 COD_{Cr} 为 930.57 t，TN 为 23.58 t、TP 为 10.23 t/a。

项目实施后，可以起到削减入湖污染、改善水环境的作用。

3）各排干水质达标情况分析。

根据 2018—2020 年乌梁素海各排干沟水环境质量分析：各排干近三年水质指标情况逐渐好转，一排干～三排干在 2020 年可达到地表水Ⅲ类水质标准；八排干、总排干可达到地表水Ⅳ类水质标准，七排干、九排干可达到地表水Ⅴ类水质标准（表 7-33、表 7-34）。

表 7-33　2018—2020 年乌梁素海流域排干沟水质数据

点位	年份	pH	溶解氧	高锰酸盐指数	BOD₅	COD	NH₃-N	TP
一排干	2020	8.2	10.2	3.8	3.4	14.5	0.07	0.03
二排干	2018	8.1	6.7	4.9	3.5	16	0.08	0.02
	2019	7.9	5.5	4.4	2.7	16.5	0.03	0.02
	2020	8.4	10.7	4.4	4	16	0.03	0.05
三排干	2018	8.2	7.1	6.8	7.4	29	0.49	0.08
	2019	8	5	3.58	13.7	44	0.42	0.58
	2020	8.2	7.18	4.4	3.65	13	0.08	0.05
七排干	2018	78	8.3	8.3	9.2	177	0.09	0.76
	2019	8.1	8	5.4	7.8	40	1.21	0.29
	2020	8.3	13.7	10.1	6	38	0.30	0.17
八排干	2018	8.2	5.7	6.7	5.7	18	0.29	0.05
	2019	7.8	5.6	4.8	6.4	27	0.13	0.04
	2020	8.3	8.7	5.8	3.2	29.5	0.03	0.03
九排干	2018	8	6.8	6.9	6.7	16	0.27	0.01
	2019	7.6	6.9	6	7.1	30	0.10	0.05
	2020	8.4	11.5	6.6	3.9	31	0.04	0.03
十排干	2018	8.4	7	8.4	13.2	43	0.40	0.56
	2019	6.6	6.8	6.7	13.7	65	0.09	0.09
	2020	8.1	8.7	11.8	3.7	59	0.05	0.03
总排干	2018	8.3	8.6	8.0	2.4	26.2	0.12	0.04
	2019	8.5	8.6	5.2	2.8	20.9	0.27	0.03
	2020	8.1	8	5.9	2.9	22.2	0.16	0.03
地表水环境质量Ⅲ类水质标准限值		6～9	≥5	6	4	20	1	0.2
地表水环境质量Ⅳ类水质标准限值		6～9	≥3	10	6	30	1.5	0.3
地表水环境质量Ⅴ类水质标准限值		6～9	≥2	15	10	40	2	0.4

表 7-34 2018—2020 年各排干水质标准类别

点位	年份	地表水环境质量类别
一排干	2020	III类
二排干	2018	III类
	2019	III类
	2020	III类
三排干	2018	V类
	2019	劣V类
	2020	III类
七排干	2018	劣V类
	2019	V类
	2020	V类
八排干	2018	IV类
	2019	V类
	2020	IV类
九排干	2018	V类
	2019	V类
	2020	V类
十排干	2018	劣V类
	2019	劣V类
	2020	劣V类
总排干	2018	IV类
	2019	IV类
	2020	IV类

由表 7-35 可以看出，2017—2020 年，十排干中全盐量、氯化物和硫酸盐总体上呈现出下降的趋势，全盐量从 2017 年的 15 705.36 mg/L 下降至 2020 年的 14 600.93 mg/L，氯化物从 2017 年的 7 594.87 mg/L 下降至 2020 年的 7 168.44 mg/L，硫酸盐从 2017 年的 1 795.52 mg/L 下降至 2020 年的 1 474.94 mg/L。

表 7-35 2017—2020 年十排干盐分数据

点位	年份	全盐量/（mg/L）	氯化物/（mg/L）	硫酸盐/（mg/L）
十排干	2017	15 705.36	7 594.87	1 795.52
	2018	13 610.58	6 685.60	1 517.98
	2019	15 461.68	7 591.31	1 518.36
	2020	14 600.93	7 168.44	1 474.94

（2）改善沟道流通性

1）计算方法。

沟道流速和流量是评价排水沟渠流通性的主要指标，因此，通过计算清淤后沟道流量流速是否达到设计要求，从而评价沟道流通性的改善，其计算式如下：

$$Q = \omega C \sqrt{Ri}$$

（7-39）

$$C = \frac{1}{n} R^{1/6} \tag{7-40}$$

$$V = \frac{R^{2/3} \times i^{1/2}}{n} \tag{7-41}$$

式中，Q——渠道流量，m^3/s；

　　　ω——过水断面面积，m^2；

　　　C——谢才系数；

　　　i——渠道纵坡；

　　　R——水力半径，m，$R=\omega/x$；

　　　x——湿周，m；

　　　n——渠道糙率。

2）计算结果。

排干沟淤积严重、水体不流动是造成乌梁素海水质差的重要原因之一，此外，排水不畅易导致洪涝灾害发生，会对当地居民生命财产安全造成严重威胁，因此，对排干沟进行清淤整治，改善沟道流通性十分必要。从表 7-36 至表 7-40 可以看出，通过施工质量验收评定，总排干等沟道、骨干排沟、斗农毛沟清淤整治工程以及乌梁素海生态补水通道工程渠道、建筑物施工开挖断面面积、底宽和水深均符合设计要求，从而使沟道的流量和流速达到设计要求，实现沟道流通性提升，减少入湖污染物负荷，保护乌梁素海生态环境，减少洪涝灾害，保护当地居民生命财产安全。通过对排干沟水流流速、流量进行观测，以及与往年的运行对比进行工程效益的分析可知，沟道排水量明显加大，矿化度降低，水质明显好转，其中，一排干沟较 2019 年 5 月排水量同期增加了 54.64 万 m^3；九排干沟 2019 年夏灌较 2018 年排水量同期增加了 373.8 万 m^3，2020 年较 2019 年排水量同期增加了 44.1 万 m^3。

表 7-36　总排干等沟道清淤整治工程设计参数与实际施工情况对比

沟道名称	设计断面面积/m^2	设计底宽/m	设计水深/m	实际断面面积/m^2	实际底宽/m	实际水深/m
总排干沟	133.68～156.55	18.5～22	2.48～2.64	133.73～156.58	19.03～22.5	2.68～2.8
一排干沟	1.4～3.9	1.6～3.9	0.5～0.66	1.56～4.06	1.67～4.08	0.48～0.62
二排干沟	1.4～3.1	1.8～3.5	0.46～0.59	1.54～3.25	1.88～3.68	0.45～0.57
三排干沟	3.64～18.41	2～7.3	0.65～1.48	3.69～18.46	2.12～7.45	0.69～1.52
义通排干沟	2.5～4	1.5～4	0.57～0.91	2.62～4.16	1.54～4.14	0.61～0.98
皂沙排干沟	2.7～3.5	2.5～3	0.65～0.69	2.89～3.68	2.63～3.16	0.66～0.69
六排干沟	1.8～12.8	1～8.5	0.68～1.09	1.94～12.92	1.05～8.96	0.78～1.13
七排干新沟	7.6	6	0.88	7.74	6.24	0.9
七排干旧沟	1.7～7.5	2.2～5.5	0.5～0.91	1.83～7.61	2.3～5.78	0.53～0.92
八排干沟	1.59～14.21	3～6	0.52～1.34	1.63～14.28	3～6	0.54～1.36
九排干沟	2.06～8	2.5～6.5	0.56～1.15	2.1～8.04	2.62～6.54	0.6～1.19
十排干沟	2.18～8.69	2.5～5.2	0.56～1.11	2.23～8.74	2.57～5.36	0.58～1.47
老侯支沟	—	3.5	0.4	—	3.5	0.4

表 7-37 骨干排沟清淤整治工程设计参数与实际施工情况对比

项目名称	设计断面面积/m²	设计底宽/m	设计水深/m	实际断面面积/m²	实际底宽/m	实际水深/m
临河区骨干排沟清障疏浚工程	1.2～6.21	0.9～5.2	0.1～2.04	1.25～6.33	0.94～5.4	0.11～2.14
乌拉特中旗排干沟净化工程	0.93～6	1～5	0.1～1.94	1.05～6.05	1～5	0.11～2.16
乌拉特后旗骨干排沟清障疏浚工程	5.9～11	5.5～10	1.5	5.93～11.04	5.55～10.03	1.58
五原县排干沟及旁侧多塘净化工程	1.58～14	0.8～11.6	0.43～2.4	1.59～14.61	0.86～11.65	0.45～2.54
乌拉特前旗骨干排沟清障疏浚工程	0.61～2.408	0.4～3	0.44～0.51	0.83～2.413	0.44～3.16	0.45～0.54
杭锦后旗骨干排沟疏浚及一排干与永明海子连通净化工程	2.1～5.5	1～3.5	0.55～3.42	2.15～5.55	1.04～3.55	0.61～3.42
磴口县骨干排沟清障疏浚、二排干旁侧湿地连通净化工程	0.583～24.96	0.9	1.3～2.5	0.587～25.63	0.91	1.32～2.6

表 7-38 斗农毛沟清淤整治工程设计参数与实际施工情况对比

项目实施地点	设计断面面积/m²	设计底宽/m	设计水深/m	实际断面面积/m²	实际底宽/m	实际水深/m
先进村	6.5～8.6	0～0.8	0.13～0.32	6.95～8.97	0～0.8	0.13～0.33
东方红、先锋村	8.4	0～1	0.18～0.77	8.85	0～1	0.19～0.79
新安村	6.5～7.5	0	0.19～0.45	6.91～8.02	0	0.19～0.47
新安农场	10.4	0	0.75	10.9	0	0.78
庆华村	6.9～8.1	0～0.8	0.19～0.69	7.18～8.61	0～0.8	0.19～0.72
长胜村	7.5～7.7	0～1	0.18～0.64	8.03～8.23	0～1	0.19～0.66
星火村	6.7～7.2	0～1	0.18～0.58	7.27～7.74	0～1	0.19～0.61
红光村	6.8～8.6	0～0.8	0.1～0.59	7.2～9.08	0～0.8	0.1～0.61
乌海村	7.3～8	0	0.18～0.72	7.72～8.5	0	0.19～0.75

表 7-39 乌梁素海生态补水通道工程渠道流量设计与实际对比

上级渠道名称	渠道名称	桩号	长度/km	设计流量/（m³/s）	实际运行情况
总干渠三闸泄水渠	生态补水渠道	0+000～3+877	3.877	75	符合设计要求
泄水渠至总干渠	补水通道	0+000～0+159	0.159	30	符合设计要求
南二分干沟复丰支沟	农田排水明沟	0+000～1+515	1.515	3.3	符合设计要求
农田排水明沟	农田排水暗管	1+515～1+795	0.28	3.3	符合设计要求
黄河	总干渠	85+062～87+730	2.311	166	符合设计要求
		82+300～85+062	2.762	280	符合设计要求
总干渠	总干三闸泄水渠	3+902～4+600	0.698	75	符合设计要求
义和干渠	烂大渠	0+000～5+995	5.995	10	符合设计要求
		5+995～12+338	6.343	10	符合设计要求
	烂大渠北线补水通道	0+000～18+000	18	5	符合设计要求

表 7-40　乌梁素海生态补水通道工程建筑物流量设计与实际对比

渠道名称	名称	桩号	设计流量/（m³/s）	实际运行情况
总干渠三闸泄水渠至总干渠段补水通道	进水闸	0+000	30	符合设计要求
	汇入口	0+159	30	符合设计要求
	南三分干渠渡槽	0+200	10	符合设计要求
	草籽场渠渡槽	0+260	2	符合设计要求
	草籽场公路桥	0+40	30	符合设计要求
	总干渠堤背油路桥	0+140	30	符合设计要求
排水明沟	农桥	1+234	3.3	符合设计要求
	退水闸	1+012	0.5	符合设计要求
排水暗管	排水明沟末端与排水暗管连接段	1+515	3.3	符合设计要求
	排水暗管入总干渠汇口	1+795	3.3	符合设计要求
乌梁素海	北海区进水闸		20	符合设计要求
复丰支沟	复丰支沟泵站		1.2	符合设计要求
南二分干沟	南二分干沟泵站		2.1	符合设计要求
总干渠	树地进水闸		0.2～0.3	符合设计要求
义和烂大渠	节制闸		10	符合设计要求
	公路桥		10	符合设计要求
	农桥		10	符合设计要求
	人行桥		10	符合设计要求
	测流桥		10	符合设计要求
	提水灌溉泵站		4.5	符合设计要求
	扬水站		10	符合设计要求

（3）降低污染物潜在风险

1）计算方法。

瑞典学者 Hakanson 在 1980 年提出了潜在生态危害指数法，该方法综合考虑了区域背景值的影响，不仅可以反映底泥中单一重金属元素的环境影响，也可以反映多种重金属污染物的综合效应，是目前较为广泛应用到底泥重金属污染程度的评价方法，该法计算式如下：

单个重金属潜在风险指数：

$$C_f^i = C_D^i / C_R^i \qquad (7\text{-}42)$$

$$E_r^i = T_r^i \times C_f^i \qquad (7\text{-}43)$$

$$RI = \sum_{i=1}^{n} E_r^i \qquad (7\text{-}44)$$

式中，C_f^i——某一重金属的污染系数；

C_D^i——底泥中重金属的实测含量；

C_R^i——计算所需的参比值（采用中国土壤重金属背景值作为参比）；

E_r^i——潜在生态风险系数；

T_r^i——单个污染物的毒性响应系数（Cr、Cu、Zn、As、Cd、Hg、Pb 的毒性响应参数分别为 2、5、1、10、30、40、5）；

RI——多种金属的潜在生态风险指数。

2）计算结果。

以中国土壤重金属背景值作为参比，计算单一元素生态风险指数（E_r^i）和综合生态风险指数（RI）。单一元素生态风险指数（E_r^i）统计结果见表7-41，排干沟底泥中7种重金属E_r^i值大小总体上呈现Cd＞As＞Hg＞Cu＞Pb＞Cr＞Zn的趋势。由表7-41可知，除七排干新沟中Cd处于中等污染等级外，其他排干沟底泥重金属均处于低污染等级，可认为无潜在生态风险。

表7-42为重金属污染程度及潜在生态危害等级划分标准。

表7-41　排干沟底泥中重金属潜在生态风险评价

E_r^i	名称						
	Hg	Cr	Cu	Zn	As	Cd	Pb
一排干	3.733	1.602	4.580	0.890	15.803	31.650	3.882
二排干	5.067	1.319	2.923	0.652	7.412	25.050	2.731
三排干	12.000	1.242	3.773	0.685	12.162	31.350	2.979
义通排干沟	4.000	1.265	2.863	0.625	9.809	23.250	2.761
皂沙排干沟	6.400	1.323	3.135	0.640	9.801	24.900	2.866
六排干	9.333	1.349	3.413	0.692	10.718	31.950	2.954
七排干新沟	8.800	1.497	4.279	0.859	14.829	47.850	3.525
七排干旧沟	8.000	1.217	2.838	0.595	9.199	26.850	2.665
八排干	13.067	1.111	2.882	0.638	8.839	28.650	2.477
九排干	8.267	1.285	3.338	0.699	10.040	26.700	2.904
十排干	5.067	1.031	2.038	0.451	5.442	22.500	2.172
总排干	8.267	1.285	3.338	0.699	10.040	26.700	2.904
斗沟	11.467	1.341	3.525	0.744	10.695	26.550	2.979
支沟	6.667	1.286	3.098	0.664	10.009	25.200	2.885
毛沟	9.333	1.291	3.182	0.710	9.896	28.200	2.757
农沟	7.733	1.307	3.402	0.677	11.139	25.500	2.897
老侯支沟	4.547	0.005	2.857	0.750	6.286	12.000	1.089

表7-42　重金属污染程度及潜在生态危害等级划分标准

单一污染物污染系数 E_r^i		潜在生态风险指数 RI	
阈值区间	程度分级	阈值区间	程度分级
$E_r^i < 40$	低污染	RI＜150	低风险
$40 \leqslant E_r^i < 80$	中等污染	$150 \leqslant$ RI＜300	中风险
$80 \leqslant E_r^i < 160$	较高污染	$300 \leqslant$ RI＜600	高风险
$160 \leqslant E_r^i < 320$	高污染	$600 \leqslant$ RI＜1 200	很高风险
$E_r^i \geqslant 320$	严重污染	RI$\geqslant$1 200	极高风险

综合生态风险指数（RI）如图 7-2 所示，排干沟潜在风险指数为 44.57～81.64，均处于低风险。

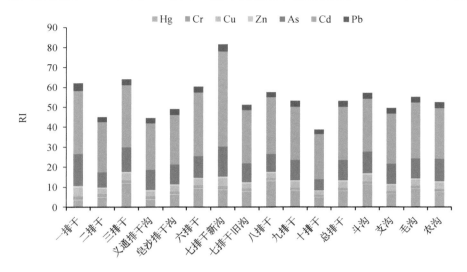

图 7-2　排干沟底泥中 7 种重金属综合污染指数

（4）改善土壤环境

由于缺乏项目实施后土壤环境检测结果，因此，中国环境科学研究院相关工作人员于 2021 年 6 月对大仙庙海子周边盐碱地 13 个点位进行了土壤样品采集工作，对比分析土壤肥力和土壤盐碱化程度变化情况，采样点位信息和点位见表 7-43 和图 7-3，检测指标和检测方法如表 7-44 所示。

表 7-43　采样点位信息

样品编号	经度	纬度
a6-1	108°35′5.60″E	40°46′32.37″N
a6-2	108°35′5.16″E	40°46′32.37″N
a7-1	108°37′44.42″E	40°45′1.98″N
a7-2	108°37′44.47″E	40°45′10.84″N
a7-3	108°37′44.52″E	40°45′19.70″N
b3	108°32′24.41″E	40°46′47.42″N
b9-1	108°35′27.55″E	40°46′17.11″N
b9-2	108°35′28.04″E	40°46′14.49″N
c1-1	108°35′58.61″E	40°45′30.28″N
c1-2	108°35′45.17″E	40°45′48.13″N
原土-1	108°34′51.04″E	40°46′21.96″N
原土-2	108°34′3.84″E	40°46′26.18″N
原土-3	108°34′4.46″E	40°46′26.09″N
十排干（22+990～33+963）	108°35′29.06″E	40°46′19.33″N
老侯支沟	108°32′20.84″E	40°47′12.04″N

图 7-3　采样点位

表 7-44　检测指标和检测方法汇总

检测样品	检测项目	检测方法
底泥	pH	《土壤　pH 值的测定　电位法》（HJ 962—2018）
	含水率	《沉积物含水率的测定　重量法》（GB 17378.5—2007）
	TP	《土壤　总磷的测定　碱熔-钼锑抗分光光度法》（HJ 632—2011）
	TN	《土壤质量　全氮的测定　凯氏法》（HJ 717—2014）
	容重	《土壤检测　第 4 部分：土壤容重的测定》（NY/T 1121.4—2006）
	有机质	《土壤有机质测定法》（NY/T 85—1988）
	全盐量	《土壤检测　第 16 部分：土壤水溶性盐总量的测定》（NY/T 1121.16—2006）
	As	《土壤和沉积物　汞、砷、硒、铋、锑的测定　微波消解原子荧光法》（HJ 680—2013）
	Hg	《土壤和沉积物　汞、砷、硒、铋、锑的测定　微波消解原子荧光法》（HJ 680—2013）
	Cu	《土壤和沉积物　铜、锌、铅、镍、铬的测定　火焰原子吸收分光光度法》（HJ 491—2019）
	Zn	《土壤和沉积物　铜、锌、铅、镍、铬的测定　火焰原子吸收分光光度法》（HJ 491—2019）
	Pb	《土壤和沉积物　铜、锌、铅、镍、铬的测定　火焰原子吸收分光光度法》（HJ 491—2019）
	Cd	《土壤质量　铅、镉的测定　石墨炉原子吸收分光光度法》（GB/T 17141—1997）
	Cr	《土壤和沉积物　铜、锌、铅、镍、铬的测定　火焰原子吸收分光光度法》（HJ 491—2019）
土壤	pH	《土壤　pH 值的测定　电位法》（HJ 962—2018）
	含水量	《森林土壤含水率的测定》（LY/T 1213—1999）
	有机质	《土壤有机质测定法》（NY/T 85—1988）
	全盐量	《土壤检测　第 16 部分：土壤水溶性盐总量的测定》（NY/T 1121.16—2006）
	阳离子交换量	《土壤　阳离子交换量的测定　三氯化六氨合钴浸提—分光光度法》（HJ 889—2017）
	交换性钠	《碱化土壤交换性钠的测定》（LY/T 1248—1999）
	碱化度	《土壤碱化度的计算》（LY/T 1249—1999）
	TP	《土壤　总磷的测定　碱熔-钼锑抗分光光度法》（HJ 632—2011）
	TN	《土壤质量　全氮的测定　凯氏法》（HJ 717—2014）
	TK	《土壤全钾测定法》（NY/T 87—1988）
	有效磷	《土壤　有效磷的测定　碳酸氢钠浸提-钼锑抗分光光度法》（HJ 704—2014）
	速效钾	《土壤速效钾和缓效钾含量的测定》（NY/T 889—2004）
	容重	《土壤检测　第 4 部分：土壤容重的测定》（NY/T 1121.4—2006）

1）降低土壤盐碱化。

由于本项目实施地块位置进行了变更，在项目实施前，不同地块土壤盐碱化程度差异大，为了更好地对比分析项目实施前后土壤盐碱化程度变化情况，本节分别将治理后重度、中度和轻度盐碱地检测结果与治理前设计文件中检测结果进行对比分析（表 7-45 和表 7-46）。

表 7-45　不同程度盐碱化地块治理前后检测数据对比

样品编号		pH	全盐量/（g/kg）	阳离子交换量/（cmol/kg）	交换性钠/（cmol/kg）	碱化度/%
重度盐碱地	0569	8.93	32.92	0.730 4	0.5	68.46
	0576	8.07	29.83	0.892 8	0.5	56
	0577	8.17	39	1.055	1.49	141.2
	0578	7.96	46.33	1.055	0.3	30.8
	a6-1	8.23	0.7	6.8	0.336	4.94
	a6-2	8.1	0.9	3.9	0.401	10.28
	a7-1	8.06	4.6	10.3	0.75	7.28
	a7-2	8.02	35.5	7.5	0.687	9.16
中度盐碱地	0570	8.54	1.32	0.892 8	0.51	57.12
	0571	8.91	1.37	0.892 8	0.39	43.68
	0572	9.4	1.55	0.649 3	0.76	117
	0573	9.09	1.3	0.994 4	0.57	57.32
	0574	8.57	1.11	0.852 2	0.25	29.34
	0575	8.38	1.99	0.973 9	0.33	33.84
	b3	8.22	0.7	7.1	0.416	5.86
	b9-1	8.33	0.6	11.7	0.447	3.82
	b9-2	8.57	0.8	7.8	0.601	7.71
轻度盐碱地	原土-1	8.30	1.4	8.8	0.573	6.51
	c1-1	8.28	2.2	7.2	0.444	6.17
	c1-2	8.03	1.2	7.7	0.352	4.57

注：a6、a7、b3、b9、c1 为治理后检测点位；0569～0578、原土-1 为治理前检测点位。

表 7-46　不同程度盐碱化地块全盐量和碱化度平均削减率

盐碱地	全盐量/%	碱化度/%
重度盐碱地	71.84	57.28
中度盐碱地	51.39	89.73
轻度盐碱地	−17.65	12.97

表 7-47　盐土类型、治理措施及盐碱化治理前后对比

样品编号	a6	a7	b3	b9	c1
盐土类型	氯化物—硫酸盐盐渍土	硫酸盐—氯化物盐渍土	苏打盐渍土	硫酸盐—氯化物盐渍土	氯化物—硫酸盐盐渍土
治理措施	土壤深耕、深翻，激光平底，脱硫石膏 1.5 t/亩，沙拉改土 39.6 m^3/亩，有机肥 2.5 t/亩，微生物菌剂 0.03 t/亩	暗管排盐	土壤深耕、深翻，激光平底，脱硫石膏 2.5 t/亩，沙拉改土 33 m^3/亩，有机肥 2 t/亩，微生物菌剂 0.018 t/亩	土壤深耕、深翻，激光平底，脱硫石膏 0.9 t/亩，沙拉改土 33 m^3/亩，有机肥 2 t/亩，微生物菌剂 0.018 t/亩	土壤深耕、深翻，激光平底，脱硫石膏 0.4 t/亩，沙拉改土 17 m^3/亩，有机肥 0.8 t/亩，微生物菌剂 0.01 t/亩
项目实施前盐碱化程度	重度	重度	中度	中度	轻度
项目实施后盐碱化程度	非盐渍化、中度碱化	盐土，轻度碱化	非盐渍化、轻度碱化	非盐渍化、轻度碱化	非盐渍化、轻度碱化

表 7-48　土壤盐渍化程度分级

盐渍类型	硫酸盐—氯化物	氯化物—硫酸盐	苏打碱化		耐盐作物生长情况
盐分含量	总盐	总盐	总盐	pH	
非盐渍化	<7	<8	<3.5	<8.5	正常，不受抑制
轻度盐渍化	7～9	8～10	3.5～5	8.5～9	一般，稍受抑制
中度盐渍化	9～13	10～15	5～6	9～9.5	受抑制，明显减产
重度盐渍化	13～16	15～20	6～8.5	9.5～10	严重抑制，减产
盐土	>16	>20	>8.5	>10	死亡无效

表 7-49　我国碱化土壤分级

碱化度	非碱化	轻碱化	中度碱化	强度碱化	碱土
钠碱化度（ESP，全国）/%	<5.0	5～10	10～15	15～20	>20
pH	8.5	8.5～9	9～9.5	9.5～10	>10

　　通过对乌拉特前旗大仙庙海子周边盐碱地进行治理及湿地恢复工程的实施，土壤盐碱化得到明显改善。全盐量和碱化度明显降低，重度盐碱地全盐量和碱化度平均削减率分别为 71.84% 和 57.28%，中度盐碱地全盐量和碱化度平均削减率分别为 51.39% 和 89.73%，轻度盐碱地全盐量和碱化度平均削减率分别为 -17.65% 和 12.97%，同时，阳离子交换量的增大和交换性钠的降低改善了土壤保肥能力、孔隙结构和渗透性。

　　土壤盐碱化改良主要归因于盐碱地治理措施的实行，a6、b3、b9、c1 地块实行的为农业—种植、化学和生物改良措施，包括土壤深耕、深翻，激光平底，施用脱硫石膏，沙拉改土，施用有机肥和微生物菌剂。土壤深耕、深翻和激光平地可以改善土壤结构和增强农田排水畅通性；脱硫石膏主要通过其溶解产生钙离子代换土壤胶体上的可交换性钠离子，被置换的钠离子从土壤中淋洗排除，从而降低土壤的碱化度；"有机肥+微生物菌剂"配合施入，可增加土壤团粒结构和微生物菌落数量，培肥土壤，也就是农民口中的"肥大吃碱"，同时微生物菌落可以有效地分解秋季还入土壤的秸秆，加快秸秆的腐熟过程。a7 地块采取暗管排盐农田水利措施，降低了地下水位，从源头减少地下盐分表聚现象，有效改善了土壤盐碱化，相较于单一农田水利—暗管排盐措施，农业—种植、化学和生

物综合改良措施对盐碱地改良效果更明显。

2）提高土壤肥力。

如表 7-50、表 7-51 所示，本项目实施后，乌拉特前旗大仙庙海子周边盐碱地土壤肥力改善效果初显，但是土壤肥力整体处于较低水平，根据全国土壤养分分级标准，有机质、TP、TN 和速效磷含量较低，TK 和速效钾含量较高，其中，TK 原土-1、原土-3、a7-1 达 2 级标准，分别为 16.4 g/kg、16.7 g/kg、15.6 g/kg，其他点位达 3 级标准；速效钾原土-1、原土-2、a6-2、a7-2 和 b9-1 达 1 级标准，分别为 223 mg/kg、201 mg/kg、260 mg/kg、251 mg/kg 和 204 mg/kg，其他点位达 2～3 级标准。

表 7-50　土壤肥力检测结果

样品编号	含水量/（g/kg）	有机质/（g/kg）	TP/（mg/kg）	TN/（mg/kg）	TK/（g/kg）	速效磷/（mg/kg）	速效钾/（mg/kg）	容重/（g/m³）
原土-1	87.9	7.8	663	562	16.4	4.6	223	1.3
原土-2	132.1	6.5	745	511	14.3	27.7	201	1.36
原土-3	194.7	5.5	677	364	16.7	7.8	138	1.34
a6-1	87.4	4.3	681	685	14.6	12.1	193	1.36
a6-2	92.9	9.1	750	700	13.4	16.3	260	1.33
a7-1	133.2	5.4	569	456	15.6	4.3	162	1.46
a7-2	61.1	3.1	664	699	13.4	10.9	251	1.33
a7-3	195	4.8	783	356	13.5	6.9	108	1.43
b3	185.6	5.1	733	545	13.2	11.6	130	1.37
b9-1	74.6	8.8	790	668	14	12.6	204	1.32
b9-2	103.5	7.2	748	571	13.4	12.1	152	1.39
c1-1	37.3	7.9	730	612	14.7	19.4	171	1.44
c1-2	38.8	8.1	638	658	14.2	13.9	158	1.38

表 7-51　全国土壤养分分级标准

级别	1 级	2 级	3 级	4 级	5 级	6 级
丰缺	极高	高	中上	中	低	极低
有机质/（g/kg）	>40	30～40	20～30	10～20	6～10	<6
TN/（g/kg）	>2	1.5～2	1～1.5	0.75～1	0.5～0.75	<0.5
TP/（g/kg）	>2	1.5～2	1～1.5	0.75～1	0.5～0.75	<0.5
速效磷/（g/kg）	>40	20～40	10～20	5～10	3～5	<3
TK/（g/kg）	>20	15～20	10～15	5～10	3～5	<3
速效钾/（mg/kg）	>200	150～200	100～150	50～100	30～50	<30

（5）生物多样性评价

1）浮游植物。

根据内蒙古农业大学 2019 年 12 月的乌梁素海水生生物多样性保护方案可知，2019 年乌梁素海水生生物调查资料显示春季浮游植物 8 门 102 种，夏季浮游植物样品 8 门 144 种；春季各点位平均总丰度为 $1.855×10^6$ cells/L，夏季各点位平均总丰度为 $3.107×10^6$ cells/L。

浮游植物是湖泊生态系统的主要组成之一，是重要的初级生产者，它的群落结构能反映水环境现状，反过来环境的改变也会影响其结构，浮游植物丰度和生物量是衡量水体营养状态的重要指标，二者值越大，水体营养级别越高，水环境情况越差（表 7-52 和表 7-53）。Shannon-Wiener 多样指数、Margalef 丰富度指数和 Peilou 均匀度指数越大，浮游植物群落结构越复杂，水体污染越低，水质情况越好。根据水质生态学评价标准，乌梁素海不同季节丰富度评价结果为富营养。

表 7-52　浮游植物评价标准　　　　　　　　　　　　　　　　　　单位：cells/L

参数	标准	等级
丰度	$<30\times10^4$	贫营养
	$30\times10^4\sim100\times10^4$	中营养
	$>100\times10^4$	富营养

表 7-53　2019 年浮游植物丰度和评价结果　　　　　　　　　　　单位：10^4个/L

时间	丰度	水质状况
春季	185.5	富营养
夏季	310.7	富营养

根据浮游植物多样性评价标准（表 7-54），乌梁素海 2019 年浮游植物群落多样性指数评价结果如表 7-55 所示。

表 7-54　浮游植物多样性评价标准

参数	标准	参数	标准	参数	标准	等级
H	>3	D	>3	J	$0.5\sim0.8$	无污染
	$1\sim3$		$1\sim3$		$0.3\sim0.5$	中度污染
	$0\sim1$		$0\sim1$		<0.3	重度污染

表 7-55　2019 年浮游植物生物多样性评价结果

时间	H	等级	D	等级	J	等级
春季	4.449	无污染	8.727	无污染	0.667	无污染
夏季	5.323		9.281		0.742	

根据 2021 年 9 月中国环境科学研究院在巴彦淖尔市"十四五"乌梁素海水生态保护修复与污染防治规划中对乌梁素海流域水生态现状调查可知，2020 年 11 月、2021 年 4 月乌梁素海浮游植物调研资料发现，乌梁素海共检出浮游植物 120 种，隶属 7 门，其中，绿藻门和硅藻门检测出的种类最多。南部浮游植物密度为 $218.18\times10^4\sim607.27\times10^4$ ind./L，平均值为 365.45×10^4 ind./L；北部密度在 $73.63\times10^4\sim454.55\times10^4$ ind./L，平均值为 279.43×10^4 ind./L；南部浮游植物密度高于北部密度。从浮游植物群落结构来看，乌梁素海以硅藻门和绿藻门为主（图 7-4、图 7-5）。

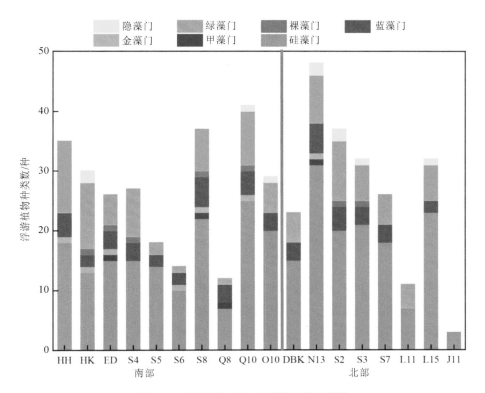

图 7-4　乌梁素海各点位浮游植物种类数

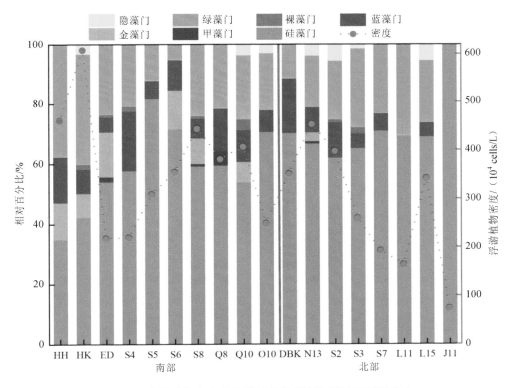

图 7-5　乌梁素海各点位浮游植物密度变化以及相对百分比

乌梁素海浮游植物多样性指数变化如表 7-56 所示，H'、D、E 平均值分别为 2.86、1.72、0.91。

表 7-56   生物多样性指标评价结果

	Shannon-Wiener 指数（H'）	Margalef 指数（D）	Pielou 均匀度指数（E）
平均值	2.86	1.72	0.91

根据三种多样性指数评价标准对乌梁素海水质情况进行评价，得到的结果：从 Shannon-Wiener 指数和 Margalef 指数来看乌梁素海均属于中度污染型。从 Pielou 指数来看乌梁素海均属无污染水体。

2019 年乌梁素海春季浮游植物 8 门 102 种，2021 年春季（4 月）乌梁素海共检出浮游植物 120 种。相较于 2019 年的调查结果，2021 年春季（4 月）浮游植物数量具有较大增长，乌梁素海湿地水禽自然保护区生物多样性保护项目的实施有助于为浮游植物的生长创造适宜的环境。

2）   水生植物群落。

乌梁素海的植被群落包括挺水和沉水等大型水生植被以及黄苔等浮游植被。挺水植被以芦苇和香蒲为优势种群，沉水植被以龙须眼子菜和穗状狐尾藻为优势种群。沉水植被 5 月底开始生长，在 8—9 月达到最大生物量，在 9 月底消亡；黄藻在 7—8 月的水面常常暴发。

遥感影像监测显示，乌梁素海覆盖水生植被总面积为 244.57 km²，约占乌梁素海的 80%，其中，挺水植被（芦苇）面积为 174.55 km²，沉水植被面积为 72.04 km²（图 7-6）。

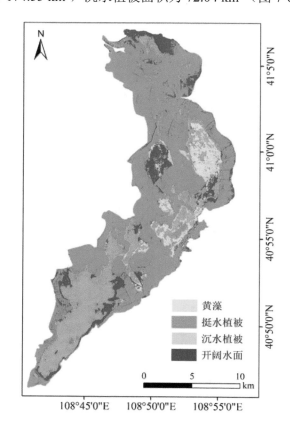

图 7-6   2021 年乌梁素海遥感解译

3）浮游动物。

根据内蒙古农业大学 2019 年 12 月的乌梁素海水生生物多样性保护方案可知，2019 年经鉴定计数乌梁素海浮游动物样品共发现 4 类 62 种，其中，轮虫最多，共有 33 种；原生动物次之，共 16 种；桡足类和枝角类最少，分别为 9 种和 4 种。乌梁素海春季浮游动物优势种类主要为剑水蚤及其无节幼体。夏季浮游动物种类数量明显增加，优势种类为剑水蚤、镖水蚤、无节幼体、秀体，特别是轮虫种类多、数量大。秋季和冬季浮游动物种类和数量大幅下降，只有少量剑水蚤及无节幼体。总体来看，乌梁素海浮游动物丰度较高，生物量较大。

根据中国环境科学研究院在巴彦淖尔市"十四五"乌梁素海水生态保护修复与污染防治规划中对乌梁素海流域水生态现状调查可知，2020 年乌梁素海浮游动物共有四大类 64 种。其中，轮虫最多，共有 33 种；原生动物次之，为 18 种；桡足类和枝角类最少，分别为 9 种和 4 种。

将浮游动物统计为大型浮游动物（包括枝角类、桡足类、轮虫）和原生动物两部分，大型浮游动物平均丰度为 687ind./L，原生动物平均丰度为 $2.508×10^4$ind./L，平均生物量为 3.624 mg/L。从物种数量来看，2020 年乌梁素海浮游动物物种数略高于 2019 年。

4）底栖动物。

2019 年 7 月，乌梁素海底栖动物共发现 3 目 7 科 9 种。其中包括软体动物 1 目（基眼目）2 科 4 属，占总属的 44.44%；水生昆虫类 1 目（鞘翅目）2 科 3 属，占总属的 33.33%；环节动物 1 目（单项蚓目）1 科 2 属，占总属的 22.23%。底栖动物 Shannon-Wiener 多样指数为 2.214、Margalef 丰富度指数为 1.209、Peilou 均匀度指数为 0.698，其多样性处于一般水平。

2020 年 11 月和 2021 年 4 月，对乌梁素海底栖动物进行调查，冬季共鉴定底栖动物 9 种，隶属 3 门、3 纲、3 科。其中，节肢动物门摇蚊科 6 种，软体动物门椎实螺科 1 种，环节动物门颤蚓科 2 种。春季共鉴定底栖动物 11 种，隶属 3 门、3 纲、4 科。其中，节肢动物门摇蚊科 8 种，软体动物门椎实螺科和扁卷螺科各 1 种，环节动物门颤蚓科 1 种。乌梁素海底栖动物平均丰度为 3 031.4ind./m²，其中，摇蚊幼虫丰度最大，占总数的 93.58%；软体动物次之，占总数的 6.07%；寡毛类极少，仅占总数的 0.35%。底栖动物平均生物量为 71.672 g/m²，其中，摇蚊幼虫生物量最大，占总数的 50.30%；其次为软体动物，占总数的 49.64%；寡毛类仅占总数的 0.06%。

从物种数来看，2019 年乌梁素海浮游底栖生物物种数与 2020 年、2021 年保持一致，无明显变化。

5）鱼类。

对乌梁素海鱼类进行调查分析，按《中国鱼类系统检索》的分类系统进行鉴定，初步确定乌梁素海 2019 年的鱼类种类有 17 种，分别隶属 4 目 7 科，其中，以鲤科鱼类为主，约有 5 种，占总数的 62.5%；鳅科 2 种，占总数的 25%；鲇科 1 种，占总数的 12.5%。

2021 年 4 月开展乌梁素海鱼类调查分析，通过对采集到的渔获物进行统计，合计在乌梁素海湖区发现鱼类 21 种，隶属 6 科 18 属。其中，鲤科鱼类 15 种，占调查物种总数的 71.4%；其次为虾虎鱼科（2 种），占总数的 9.5%；胡瓜鱼科、鲇科、塘鳢鱼科、月鳢科各 1 种，分别占总数的 4.8%。

乌梁素海湖区鱼类按栖息环境和洄游方式可分为 2 种生态类型：①江湖半洄游性鱼类。共有草鱼（*Ctenopharyngodon idlla*）、鳙（*Aristichthys nobilis*）、鲢（*Hypophthalmichthys molitrix*）3 种，占总数的 14.3%；②湖泊定居性鱼类。共有 18 种鱼类，占总数的 85.7%，这些鱼均能在湖区水域内繁殖后代，在乌梁素海湖区中占明显优势。

按食性类型可将乌梁素海湖区鱼类划分为鱼食性、草食性、杂食性、底栖生物食性和浮游生物食性 5 类。乌鳢这类以鱼、虾为主要食物的鱼食性鱼类共 1 种，占总数的 4.8%；子陵吻虾虎鱼

［*Rhinogobius giurinus*（Rutter，1897）］和鲇（*Silurus asotus*）等则以栖息于湖底表面或沉积物中的生物为食，为底栖生物食性鱼类，占总数的 14.3%；鲢、鳙等浮游生物食性鱼类共 4 种，占总数的 19.0%；草鱼（*Ctenopharyngodon idella*）、团头鲂（*Megalobrama amblycephala*）、大鳍鱊、兴凯鱊均为草食性鱼类，同样占总数的 19.0%。而鲤（*Cyprinus carpio*）、鲫（*Carassius auratus*）、鳌（*Hemiculter leucisculus*）等杂食性鱼类对动植物食物都能吞食，数量最多，共 9 种，占总数的 42.9%（图 7-7）。

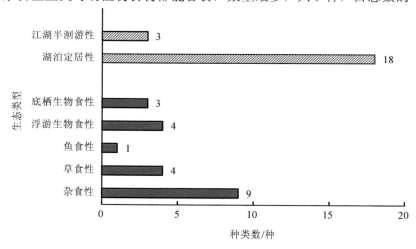

图 7-7　乌梁素海湖区鱼类生态类型

相较于 2019 年的调查结果，2020 年乌梁素海鱼类种类明显丰富，生物多样性明显提高。

6）鸟类。

乌梁素海 2020 年生态调查结果显示，乌梁素海水鸟共记录 66 种，个体数量 64 423 只，鸟类动物 Margalef 指数为 5.87；其中，国家重点保护动物（鸟纲）61 种，国家一级重点保护动物（鸟纲）15 种，国家二级重点保护动物（鸟纲）46 种，根据 2016 年、2020 年水鸟调查报告，2016 年乌梁素海湿地水禽自治区级自然保护区内累计调查鸟类数量 254 种，2020 年累计调查鸟类数量 258 种，其中包括：1 种极危物种，4 种濒危物种，8 种易危物种，14 种近危物种，2 种未认可物种，其余 229 种鸟类均为低度关注物种，新增长尾鸭等新物种；部分鸟类数量明显增加。例如，灰雁数量由原来的不到 10 只增加到 648 只，白骨顶数量增加了 20 万只左右，鸟类生物多样性及物种稳定性得到了明显提高，表明人工湿地修复及构建工程为鸟类提供了一个适宜的繁殖和栖息环境，为乌梁素海湖区湿地的生态系统稳定提供了有力保障。

根据 2019—2021 年乌梁素海生物多样性调查结果可知，乌梁素海的植被群落包括挺水和沉水等大型水生植被以及黄苔等浮游植被。挺水植被以芦苇和香蒲为优势种群，沉水植被以龙须眼子菜和穗状狐尾藻为优势种群。浮游植物、浮游动物、底栖动物、鱼类和鸟类等物种生物多样性趋于稳定，其中，浮游植物、鱼类和鸟类等生物的物种数量明显提高。生物多样性保护工程的实施使得乌梁素海水质情况得到好转，有利于提高乌梁素海物种稳定性和生态系统的稳定性，为水生动植物的生长和繁殖提供适宜环境。

7.4.3　经济效益

（1）直接经济效益

本次项目的直接经济效益主要是灌溉增产效益、补贴效益及节水效益。

1）灌溉增产效益。

乌拉特前旗大仙庙海子周边盐碱地治理及湿地恢复工程种植作物的单价是在工程所在地 2018 年市场调查的基础上，根据项目区农作物种植品种、产量以及市场预测综合考虑而确定的。

本次灌溉效益计算采用分摊系数法，即按有、无该项目对比和采取必要的农业措施可获得的总增产值，乘以灌溉效益分摊系数。

计算公式为

$$B = \sum \varepsilon A_i (YH_i - YO_i) P_i \qquad (7\text{-}45)$$

式中，B——灌溉效益；

ε——效益分摊系数；

A_i——第 i 种作物种植面积；

YH_i——有项目情况下灌区第 i 种作物主产品评价亩产量；

YO_i——无项目情况下灌区第 i 种作物主产品评价亩产量；

P_i——第 i 种作物主、副产品综合单价。

项目区农作物为一年一熟制，主要种植玉米、葵花、葫芦。根据本次设计中的现状及工程实施后各种作物的种植比例进行计算。农作物价格根据 2017 年第四季度现行市场调查价格计算，见表 7-57。

表 7-57　农作物单价

项目区名称	作物种类	作物名称	单价/（元/kg）
盐海村三支社	粮食作物	玉米	1.8
	经济作物	葵花	7
		葫芦	12

经计算分析，项目实施后增加产值 2 337.72 万元，可获得水利灌溉增产效益 843.52 万元/a，项目持续期 20 年，总收益为 16 874 万元。

2）补贴效益。

生物多样性保护工程：对自然保护区核心区和缓冲区补偿，面积为 3 476 hm²，每年按照 1 350 元/hm² 标准进行补偿，补偿周期暂定为 5 年。按照补偿标准和补偿周期，补偿资金为 2 346 万元。

对乌梁素海周边人工苇田及其他地类进行补偿，补偿面积为 10 909.84 hm²，每年按照 420 元/hm² 进行补偿，补偿周期暂定为 5 年，按照补偿标准和周期计算补偿资金，为 2 291 万元，补偿工作正在进行中。

对退出保护区的当地村民还采取以下补偿措施：

①为打赢脱贫攻坚战，内蒙古乌梁素海实业发展有限公司于 2019 年引进黑龙江黑木耳种植技术，利用扶贫资金在坝头新建了菌包厂。将 325 万元保护资金用于改善职工人居环境、职工新建栽培棚补贴以及该项目的流动资金，保障黑木耳种植产业逐步发展壮大。

②内蒙古乌梁素海实业发展有限公司以入股的方式投入 231.67 万元用于内蒙古乌梁素海民本菌包种植有限公司的菌包厂建设。

③额尔登布拉格苏木白彦花嘎查委员会通过入股内蒙古谷昌农业发展有限公司实施的农产品深

加工、冷链物流仓储联营联建扶贫产业园项目，使嘎查集体年收益达到总投入的 6%～8%，嘎查集体经济收入可增加 0.4 万元。

④苏独仑镇瓦窑滩村建设农业温室大棚和不锈钢结构冷棚，工程的实施可促进农业发展，增加农民收入。

⑤苏独仑镇圐圙补隆村村委会将补偿资金用于保鲜库的附属建设，工程的实施可促进村镇经济发展，增加村民收入。

⑥苏独仑镇永和村村委会、大佘太南昌村民委员会和马卜子村村委会将生物多样性项目补偿资金用于购买玉米收割机、大型拖拉机等农业生产机械设备，设备的购买可解放农村劳动力，促进村民更高效率地完成农业生产。

（2）间接经济效益

1）防洪减灾。

排干沟净化工程和生态补水通道工程增加了乌梁素海流域黄河凌汛期的蓄洪、分洪和调洪能力，可有效降低洪峰，每年可承泄分洪水量 2 亿 m^3 以上，有效减轻黄河中下游防洪防汛压力，减轻冰凌洪水灾害，缩短补水渠线路，减少水量损失和凌汛水对现有灌排水利工程的损毁破坏，避免灌溉期与河套灌区的农业灌溉在水量和时间上产生冲突，保护巴彦淖尔市沿河人民生命财产安全和工农牧业生产的安全，减少因洪涝灾害造成的经济损失。

实施海堤防护、修筑海堤路等工程，可消除乌梁素海海坝安全隐患，有效减轻风暴潮灾害对保护区内 10 多万人口及多家工业企业、30 多万亩农田和 50 多处村庄以及包兰铁路、京藏高速及 G110 等重要交通设施带来的经济损失，保护区内基础设施、固定资产、工农业生产、群众生命及财产都将得到有效保护。

2）水质保持效益。

乌梁素海作为我国北方典型的湖泊湿地，其水资源具有较高的利用价值，是区域内少数民族发展的重要资源之一。由于乌梁素海换水周期长，若其遭受污染，区域的工业、农业和人体健康等会受到长期的、持久的不利影响。由此造成的经济损失是巨大的，也是难以估量的。项目的实施可有效控制项目区的水环境污染，大大降低或消除水污染造成的经济损失的风险，充分实现水资源价值，促进社会经济快速发展。

3）水土保持和生态恢复效益。

①水土保持经济效益。

项目的实施提高了植被覆盖率，增强了保水、保肥、涵养水源能力，减少了 N、P、K 等营养物质的流失，增加了农作物产出，控制了生态破坏，有利于生态建设，促进经济可持续发展；改善了旅游景观和生态环境，对项目区起到促进作用，增加了区域经济产出，其产生的经济效益是综合的，并且逐年增加，因此累计的社会经济效益是巨大的。

②生态恢复经济效益。

项目的实施促进了生态环境的改善，提高了生物多样性，使乌梁素海水生动植物数量增加，动植物种类丰富，生物量增加，增加了渔民和政府的经济收入。

7.4.4　社会效益

（1）保障生命及财产安全

乌梁素海流域排干沟以及斗农毛沟淤积现象严重，排水不畅，部分沟道塌坡严重，每当汛期来临时，洪涝灾害频发，对居民生命财产安全和农作物造成严重威胁。由于乌梁素海海坝已运行 60 多年，建筑物各种病态日益显现，沉陷、坍塌、老化破损、错位变形等诸多问题存在，影响海区的安全运行，补水通道工程及海堤防护工程通过实施海堤防护、修筑海堤路等工程，消除乌梁素海海坝安全隐患，保护区内基础设施、固定资产、工农业生产、群众生命及财产都将得到有效保护，社会效益显著，可缓解黄河凌汛期的防洪压力，减轻冰凌洪水灾害，缩短补水渠线路，减少水量损失和凌汛水对现有灌排水利工程的损毁破坏，避免灌溉期与河套灌区的农业灌溉在水量和时间上产生冲突。

（2）促进农业发展

近年来，受严重的暴雨洪涝灾害影响，排干沟排水不畅，降雨积水集中汇入沟道中，现各沟道淤积、排水不畅，造成沟道内水位急剧上升，沟道两侧农田大面积积水无法及时排泄，农田遭受雨涝灾害。项目的实施也可大大提高排干沟的排洪排涝功能，有效防止农田淹没、倒灌现象的发生，防止对两岸耕地造成阴渗返盐现象，促进农作物良好生长，提高土地生产率，全市绿色优质小麦种植规模达到 129.73 万亩，优质牧草达到 10.32 万亩。

项目的实施使乌梁素海周边土地盐碱化得到明显改善，其中，a6 地块由重度盐碱化改良为非盐渍化、重度碱化，a7 地块由重度盐碱化转变为盐土、轻度碱化，b3 地块由中度盐碱化改良为非盐渍化、轻度碱化，b9 地块由中度盐碱化转变为非盐渍化、轻度碱化，c1 地块由轻度盐碱化转变为非盐渍化、轻度碱化；土壤肥力改善效果初显，但是土壤肥力整体处于较低水平，根据全国土壤养分分级标准，有机质、TP、TN 和速效磷含量较低，TK 和速效钾含量较高，其中，TK 最高可达 2 级标准：原土-3（16.7 g/kg），其他点位达 3 级标准；速效钾最高可达 1 级标准：a6-2（260 mg/kg），其他点位达 2～3 级标准。

（3）促进区域就业

项目的实施需要雇用当地居民种植树木、修复及构建湿地、盐碱地改良等，多方位增加就业机会，增加当地居民收入。

7.4.5　湿地生态系统服务价值

（1）供给服务效益

乌梁素海流域年平均降水量为 219.4 mm，蒸发量为 2 377.4 mm，这不利于该流域的水文循环和生态修复，八排干、九排干和十排干入湖口分别修复及构造人工湿地 633 hm^2、433 hm^2 和 446.7 hm^2，湿地平均深度为 1.2 m；八排干、九排干、十排干湿地工程充分修复并利用了入湖口区域内的自然湿地，并在此基础上构建了功能性人工湿地，增大了湿地面积，在一定程度上起到调节气候和涵养水源的作用，同时湿地植物作为原材料供给也具有一定的生态价值，其供给服务效益评估原则如下：

1）水资源供给。

八排干、九排干、十排干共修复和构建人工湿地 1 512.7 hm^2，平均水深 1.2 m，湿地库容约 1 820 万 m^3，根据《森林生态系统服务功能评估规范》（LY/T 1721—2008），采用水库蓄水成本 6.11 元/m^3 进行计算。

$$A_2 = B \times C \tag{7-46}$$

式中，A_2——水资源供给效益；

　　　B——湿地蓄水量，m^3；

　　　C——等效水库蓄水成本，元/m^3。

经计算，八排干、九排干、十排干修复和构建人工湿地水资源供给服务效益为 11 100 万元/a。

2）原材料供给效益。

八排干、九排干、十排干共修复和构建人工湿地 1 512.7 hm²，约为 15.1 km²。根据 2017 年《乌梁素海湿地芦苇空间分部信息提取及地上生物量遥感估算》可知，乌梁素海流域湿地内芦苇面积约占湿地面积的 50%，乌梁素海湖区面积为 293 km²，全年芦苇总量为 7.92 万 t，因此，可以估算八排干、九排干、十排干修复和构建的人工湿地芦苇产量为 4 090 t，芦苇价格按照当地渔场收购价 412 元/t 进行计算。

$$A_3 = B \times C \tag{7-47}$$

式中，A_3——原材料供给效益；

B——湿地年产芦苇总量，t；

C——芦苇的市场价格，元/t。

经计算，八排干、九排干、十排干人工湿地原材料供给服务效益为 169 万元/a。

综上所述，人工湿地供给服务效益为 11 269 万元/a。

（2）调节服务效益评估

人工湿地作为八排干、九排干、十排干入湖口的水质、水生态调节区域，承接上游来的农田退水和生活、工业污水等，根据初步设计文件的水质情况调查结果可知，八排干、九排干断面检测结果表明，排干入湖水中，COD 和 TN 超过《地表水环境质量标准》（GB 3838—2002）Ⅴ类水质标准，处于轻度富营养化状态，因此为减少污染物入湖量，可通过人工湿地自身的物理、化学和生物三者的共同作用，在对水质净化的同时进行生物固碳，并向环境中释放氧气，削减污染物入湖量，维持乌梁素海水质，同时还有一定的生态环境调节价值，其具体评估如下：

1）水质净化效益。

污水处理厂每去除 1 t COD$_{Cr}$、1 t N 的成本分别为 3 000 元和 1 500 元，人工湿地水质净化效益计算式如下：

$$B_2 = \sum b_{2i} \times C_{2i} \tag{7-48}$$

式中，B_2——水质净化效益；

C_{2i}——污水处理厂第 i 种污染物处理成本，元/t；

b_{2i}——第 i 种污染物削减量，t/a。

经计算，人工湿地年均削减 COD$_{Cr}$ 为 1 485.71 t，TN 为 61.74 t，因此，八排干、九排干、十排干湿地水质净化效益为 455 万元/a。

2）固碳效益。

人工湿地年产芦苇量（干重）约为 4 090 t，已知通过光合作用，植物每生成 1 kg 干物质，即可固定 1.63 kg 的 CO$_2$，国际碳汇价格为 369.7 元/t。

$$B_7 = C \times 1.63 \times D \tag{7-49}$$

式中，B_7——湿地植物固定碳（27%的 CO$_2$）的量，t；

C——湿地植物干物质生产量，t；

D——国际碳汇价格，元/t C（元/t 碳）。

经计算，人工湿地固碳效益为 67.2 万元/a，八排干、九排干、十排干湿地固碳量分别为 760.56 t/a、520.26 t/a、537.08 t/a，总计为 1 817.9 t/a。

3）释氧效益。

人工湿地年产芦苇量约为 4 090 t，已知通过光合作用，植物每生成 1 kg 的干物质，即可释放 1.2 kg 的 O_2，O_2 效益按照等效工业制氧成本进行计算，选择采用中华人民共和国卫生部网站的 O_2 价格，即 400 元/t。

$$B_8=1.2 \times C \times D \qquad (7\text{-}50)$$

式中，B_8——湿地释氧效益；

C——湿地植物干物质年平均质量，t；

D——等效制氧的工业制氧法成本，元/t。

经计算，人工湿地工程 O_2 释放效益为 196 万元/a。

综上所述，人工湿地调节服务效益为 718 万元/a。

（3）支持服务效益评估

1）生物多样性。

工程在自然湿地的基础上新增人工湿地，扩大了湿地面积，为野生动物提供了栖息地，有利于提高湿地物种多样性，维持湿地生态系统的稳定性，是湿地系统长期发挥污染物削减功能的重要保障。

2）生物栖息地维持。

本项目新增人工湿地 1 512.7 hm^2，扩大了湿地面积，为野生动物提供了栖息地。人工湿地生物栖息地维持服务功能价值估算，采用美国经济生物学家 Costanza 等（1997）研究的湿地的避难所价值，即 304 美元/hm^2（汇率取 6.45）。经计算，人工湿地支持服务价值为 296.6 万元/a。

（4）湿地生态系统服务总值

综合湿地生态系统支持服务、供给服务和调节服务，湿地生态系统服务价值共计 12 283.6 万元/a。

7.5　农田面源及城镇点源污染治理工程

该项目的实施，主要为对项目区的农村生活污水、生活垃圾、畜禽养殖废水、农业面源、城镇生活污水、废水进行治理，使污染物得到大幅削减，有效遏制重污染产业的排污总量，同时初步实现产业结构调整。

7.5.1　评价指标

根据农田面源及城镇点源污染治理工程的内容，建立生态效益、经济效益和社会效益评价指标体系，如表 7-58 所示。

表 7-58　农业面源与城镇点源污染治理工程绩效评价指标体系

一级指标	二级指标	三级指标
生态效益	面源污染物减排	N、P 污染物减排
	点源污染物减排	N、P 等污染物减排
	耕地质量提升	提高土壤物理、化学及生物学性状，土壤蓄水能力提升
	改善土壤环境	农药利用率 40%，肥料利用率 40%，减轻土壤"白色污染"
	改善空气质量	降低 PM$_{2.5}$、PM$_{10}$ 等颗粒物的浓度
经济效益	直接经济效益	作物增产增收
		产品销售收入

一级指标	二级指标	三级指标
经济效益	间接经济效益	减少化肥用量
		撬动社会资本
		环境质量改善效益
		传统水资源替代效益
社会效益	控水降耗明显	实现节水
	控肥效果明显	优化施肥结构，减少化肥用量
	促进农牧业发展	促进农业产业结构调整，促进畜牧业的发展
	提高就业率	提供就业岗位，解决农村剩余劳动力安置问题
	改善居民生活质量,提升村容村貌	促进农业增产和农民增收，增加财政收入，改善居民生活质量、提升村容村貌

7.5.2　生态效益

（1）面源污染物减排

面源污染物减排主要涉及的项目：农业投入品减排工程、耕地质量提升工程、"厕所革命"工程、生活垃圾收集和转运点建设工程、乌梁素海生态产业园综合服务区（坝头地区）污水工程及村镇一体化污水工程。

1）农业投入品减排及耕地质量提升工程。

①评价方法。

参考刘德平（2011）和赵春晓（2017）的研究，河套灌区总灌溉面积为 853.47 万亩，共施用化肥 22.62 万 t，有效成分折为 TN 为 5.08 万 t，折为 TP 为 1.9 万 t。其中，氮肥利用率为 30% 左右，氮肥损失途径包括淋失、N_2O 排放及 NH_3 挥发，在农民的传统管理措施下，淋失的氮素约占总损失氮素的 23.40%。磷肥当季利用率为 20% 左右，约 15% 通过径流损失，径流损失的磷素约为总非利用磷素的 18.75%。淋失是造成水体污染的主要途径。估算方法：

各种肥料单位面积减少的 N、P 流失量（kg/亩）=（评价肥料的氮素施入量 − 对照氮素施入量）×70%×23.40%+（评价肥料的磷素量-对照磷素施入量）×15%

项目区减少的 N、P 流失量（t）=该区各种肥料单位面积减少 N、P 流失量的平均值（kg/亩）×肥料应用面积（万亩）×10

项目区农田土壤 N、P 流失量（t）=SUM{各示范旗（县、区）项目区减少的土壤 N、P 流失量}

②计算结果。

根据内蒙古北疆生态环境大数据研究院和内蒙古农业大学联合编制的《2020 年巴彦淖尔市乌梁素海流域山水林田湖草恒泰保护修复试点工程肥料补贴项目绩效评价报告》中计算的结果，整个减氮控磷项目区可减少 N、P 排放 1 467.02 t/a，智能配肥站项目区可减少 N、P 流失 781.60 t/a，调整种植业结构项目区，可以减少 N、P 流失 11.42 t/a，增施有机肥项目区，可减少 N、P 流失 23.21 t/a。通过本项目的实施，从源头上减少了 N、P 向乌梁素海的排放，遏制了肥料的剩余营养流向土壤—水体—大气圈，减轻了环境污染，对乌梁素海面源污染综合治理有直接的推动作用。

2）"厕所革命"工程。

乌梁素海景区旅游严重不足，周边村镇缺乏完善的公共厕所，厕所环境差，点源和面源水体污染较严重。本项目通过在乌梁素海景区新建 50 座旅游厕所，其中，47 座为微生物水冲洗厕所，通过复合酵素的触媒作用，激活水体中的有益微生物，同时抑制水体中有害微生物，实现净化水体的作用。调节池污水经过简易格栅进入生化系统进行三级以上发酵处理，再进入发酵合成池→沉淀池→清水池→砂过滤→回用；在好氧微生物的作用下，充分去除废水中可生物降解的各类污染物质，达到《农田灌溉标准》（GB 5084—2021）。处理合格的废水收集于清水池内，通过简易管道或拉运回用于周边农田。3 座水冲式厕所背面设有排污管，直接排入化粪池，然后再进入污水管网。水冲式厕所经济适用，环保卫生，管理简单。

在乌拉特前旗新安镇、苏独仑镇、额尔登布拉格苏木、大佘太镇、乌拉山镇、西山嘴农场、新安农场、白彦花镇区域共建设 140 座水冲厕所，厕所背面设有排污管，直接排入化粪池，然后再进入污水管网。因此，本项目的建设可有效对乌梁素海旅游景区及周边村镇居民产生的粪污进行收集处理，控制污染物的排放，减轻点源和面源对水体造成的污染，保护乌梁素海及周边生态环境。

本项目旅游厕所分布在乌梁素海旅游景区及周边一分场、三分场、四分场、六分场和八分场，旱改厕补贴项目涉及整个乌拉特前旗，厕所服务对象主要为农村人口和游客，因此，污染物排放量计算所涉及的人口参照乌拉特前旗 2020 年乡村常住人口和 2020 年乌梁素海旅游景区接待人次，根据 2020 年巴彦淖尔市统计年鉴，乌拉特前旗 2019 年乡村常住人口 15.26 万，根据乌梁素海旅游景区提供的数据，2020 年乌梁素海旅游景区接待 13 万人次，参考《全资源回收型厕所生命周期的环境效益分析》一文中的数据，一个成年人每天会产生 1.5 kg 的尿液和 0.14 kg 的粪便，共包含 11.5 g N 和 1.5 g P，因此，本项目的实施可减少 N 排放量约 1 186.21 t/a，减少 P 排放量约 154.39 t/a。

3）生活垃圾收集和转运点建设工程。

农村生活垃圾产生量采用排污系数法计算，排污系数参照全国农业农村面源污染调查的排污系数。

生活垃圾污染物产生系数主要采用《集中式污染治理设施产排污系数手册》中生活垃圾简易填埋场产排污系数表中渗滤液污染物产生量系数，巴彦淖尔市属于干旱半干旱区，渗滤液产生量为 0.05 m³/t 垃圾，COD 为 8 000 g/m³ 渗滤液，NH₃-N 为 400 g/m³ 渗滤液，TP 为 14 g/m³ 渗滤液。

该项目共计配套生活垃圾低温热解处理器 37 台，每台处理能力为 2.5～3 t/d，共计 92.5～111 t/d，减少垃圾渗滤液产生量 4.63～5.55m³/d，COD 减排量 13.52～16.21 t/a，NH₃-N 减排量 0.68～0.81 t/a，TP 减排量 0.024～0.028 t/a。

4）乌梁素海生态产业园综合服务区（坝头地区）污水工程。

根据第三方检测数据（表 7-59），乌梁素海坝头地区污水处理厂出水水质全部达《城镇污水处理厂污染物排放标准》一级 A 排放标准。

表 7-59　污水处理厂进出水水质达标情况　　单位：mg/L

检测项目	进水（平均值）	出水（平均值）	《城镇污水处理厂污染物排放标准》一级 A 标准限值	达标情况	检测日期
BOD₅	215.0	9.4	10		
COD	934.0	36.0	50		
NH₃-N	24.5	2.31	5（8）	达标	2021 年 12 月 3—4 日
TN	59.8	12.0	15		
TP	2.2	0.37	0.5		
悬浮物	260.0	6.0	10		

由表 7-60 可知，该污水处理厂出水水质满足相关标准，TP、NH₃-N、COD、BOD₅、TN 和悬浮物去除率分别为 83.18%、90.57%、96.15%、95.63%、79.93% 和 97.69%，该污水处理厂实际处理规模为 120 m³/d，通过计算，TP、NH₃-N、COD、BOD₅、TN 和悬浮物削减量分别为 0.08 t/a、0.97 t/a、39.33 t/a、9.01 t/a、2.09 t/a 和 11.13 t/a。

表 7-60　污水处理厂污染物去除率及削减量

检测项目	进水/（mg/L）	出水/（mg/L）	去除率/%	削减量/（t/a）
BOD₅	215.0	9.4	95.63	9.01
COD	934.0	36.0	96.15	39.33
NH₃-N	24.5	2.31	90.57	0.97
TN	59.8	12.0	79.93	2.09
TP	2.2	0.37	83.18	0.08
悬浮物	260.0	6.0	97.69	11.13

本项目的建设可以大大减少坝头地区生活污水的直排，避免生活污水对乌梁素海、地下水和土壤造成污染。

5）村镇一体化污水工程。

项目共建设 8 个村镇一体化污水处理站，设计水量 86.51 万 t/a，设计进水水质 COD_Cr 为 500 mg/L、BOD₅ 为 250 mg/L、SS 为 250 mg/L、NH₃-N 为 50 mg/L、TP 为 7 mg/L、TN 为 60 mg/L，设计出水水质 COD_Cr 为 50 mg/L、BOD₅ 为 10 mg/L、SS 为 10 mg/L、NH₃-N 为 5 mg/L、TP 为 0.5 mg/L、TN 为 15 mg/L，污染物减排量：COD_Cr 为 389.27 t/a、BOD₅ 为 207.61 t/a、SS 为 207.61 t/a、NH₃-N 为 38.93 t/a、TP 为 5.62 t/a、TN 为 38.93 t/a。

（2）点源污染物减排

点源污染物减排主要涉及的工程包括农业废弃物回收与资源化利用工程、乌拉特前旗污水处理厂扩建工程、乌拉特前旗乌拉山镇再生水管网及附属设施（第二污水处理厂）工程、乌拉特前旗污水处理厂改造工程。

1）畜禽养殖污染物减排。

根据巴彦淖尔市农牧局提供的 2020 年畜牧业生产数据，参考《农业技术经济手册》和《畜禽养殖业污染治理工程技术规范》（HJ 497—2009），可以计算出畜禽每年废弃物的排放量，见表 7-61。

表 7-61　2020 年粪污产生规模估算

项目	饲养量/头（只）	粪/{kg/[d·头（只）]}	尿/{kg/[d·头（只）]}	饲养周期/d	粪便排泄量/（t/a）	尿液排泄量/（t/a）
牛	20 802（存栏量）	20	10	365	151 986	75 927
猪	39 779	2	3.3	199	15 832	26 122
羊	1 804 887	2.6	—	365	1 712 837	—
鸡	468 600	0.12	—	210	11 808	—
鸭	3 143	0.13	—	210	85.8	—

根据生态环境部提供的相关研究资料（《产排污系数手册》），畜禽粪便中污染物的浓度如表 7-62 所示，可以计算出项目区畜禽养殖粪污中各种污染物产生量和减排量。

表 7-62 畜禽粪便中污染物平均含量 单位：kg/t

项目	COD	BOD$_5$	NH$_3$-N	TP	TN
牛粪	31	24.53	1.7	1.18	4.37
牛尿	6	4	3.5	0.4	8
猪粪	52	57.03	3.1	3.41	5.88
猪尿	9	5	1.4	0.52	3.3
鸡粪	45	47.9	4.78	5.37	9.84
鸭粪	46.3	30	0.8	6.2	11
羊粪	4.6	2.8	0.6	0.5	2.4

根据区域内畜禽养殖减排量计算式：养殖业污染减排量 = 畜禽粪污各污染物产生量×综合处理效率，粪污综合处理率按 2020 年全县数据（85%）计算。计算结果如表 7-63 和表 7-64 所示。

表 7-63 2020 年项目区畜禽粪便中污染物产生量 单位：t

项目	COD	BOD$_5$	NH$_3$-N	TP	TN
牛粪	4 711.57	3 728.22	258.38	179.34	664.18
牛尿	455.56	303.71	265.74	30.37	607.42
猪粪	823.27	902.9	49.08	53.99	93.09
猪尿	235.1	130.61	36.57	13.58	86.2
羊粪	7 879.05	4 795.94	1 027.7	856.42	4 110.81
鸡粪	531.36	565.6	56.44	63.41	116.19
鸭粪	3.97	2 574	68.64	531.96	943.8
合计	14 639.88	13 000.98	1 762.55	1 729.07	6 621.69

表 7-64 2020 年项目区畜禽粪便中污染物减排量 单位：t

项目	COD	BOD$_5$	NH$_3$-N	TP	TN
牛粪	4 004.83	3 168.99	219.62	152.44	564.55
牛尿	387.23	258.15	225.88	25.81	516.31
猪粪	699.78	767.47	41.72	45.89	79.13
猪尿	199.84	111.02	31.08	11.54	73.27
羊粪	6 697.19	4 076.55	873.55	727.96	3 494.19
鸡粪	451.66	480.76	47.97	53.9	98.76
鸭粪	3.37	2 187.9	58.34	452.17	802.23
合计	12 443.9	11 050.84	1 498.16	1 469.71	5 628.44

由表 7-63 和表 7-64 可知，项目区 2020 年畜禽养殖年排泄粪污中污染物 COD、BOD$_5$、NH$_3$-N、TP、TN 的产生量分别为 14 639.88 t、13 000.98 t、1 762.55 t、1 729.07 t 和 6 621.69 t，减排量分别为 12 443.9 t/a、11 050.84 t/a、1 498.16 t/a、1 469.71 t/a 和 5 628.44 t/a。

2）乌拉特前旗污水处理厂扩建工程、乌拉特前旗乌拉山镇再生水管网及附属设施（第二污水处理厂）工程、乌拉特前旗污水处理厂改造工程。

污水处理厂污染物减排。根据巴彦淖尔市鸿德再生资源开发有限公司提供的检测数据（表7-65），由于仅有2021年2月第三方检测报告中涵盖进、出水水质浓度，因此污染物削减量参考此检测报告进行评价。

表7-65　污水处理厂进出水水质达标情况

检测项目	检测点位	浓度	《城镇污水处理厂污染物排放标准》一级A标准限值	达标情况
pH	进水	—	—	
	出水	—	6～9	达标
悬浮物/（mg/L）	进水	717	—	
	出水	2	10	达标
COD/（mg/L）	进水	124	—	
	出水	30	50	达标
BOD$_5$/（mg/L）	进水	26.7	—	
	出水	5.4	10	达标
TP/（mg/L）	进水	9.45	—	
	出水	0.08	0.5	达标
NH$_3$-N/（mg/L）	进水	69.2	—	
	出水	0.23	5（8）	达标
TN/（mg/L）	进水	83.2	—	
	出水	5.51	15	达标
石油类/（mg/L）	进水	1.26	—	
	出水	0.23	1	达标
动植物油/（mg/L）	进水	2	—	
	出水	0.52	1	达标
阴离子表面活性剂/（mg/L）	进水	1.41	—	
	出水	0.18	0.5	达标
色度/倍	进水	16	—	
	出水	8	30	达标

该项目启动后，污水全部回用不外排，污染物削减量：SS为5 234.1 t/a，COD为905.2 t/a，BOD$_5$为194.9 t/a，TP为69 t/a，NH$_3$-N为505.2 t/a，TN为607.4 t/a，石油类为9.2 t/a，动植物油为14.6 t/a，阴离子表面活性剂为10.3 t/a。

（3）耕地质量提升

通过实施提升耕地质量的工程，有效提高了土壤物理、化学及生物学性状，从而提高了耕地质量。商品有机肥含有45%以上的有机质及5%以上的养分，通过大量施入有机肥能够直接提高土壤有机质含量，改善土壤物理性状，增加耕地保水保肥性。有机质腐解能够促进土壤养分转化为速效养分，改善土壤化学性状，减少土壤养分流失。有机质也为土壤微生物生长提供营养基础，创造良好的土壤微生物环境。有机肥养分释放缓慢均匀，与化肥配施能够满足作物不同生育时期的养分需求。施用新型肥料能够平衡土壤养分，改善土壤化学性状，提高肥料利用效率，减少肥料流失。根据《2020年巴彦淖尔市乌梁素海流域山水林田湖草生态保护修复试点工程肥料补贴项目肥料施用效果示范报告》中的数据，通过示范，土壤中有机质平均含量由项目实施前的13.92 g/kg提升到14.07 g/kg，有机质含量增加了0.15 g/kg；pH平均值由8.4下降到8.28，降低了0.12。

通过耕地深松打破耕地的犁底层，将土壤的疏松程度控制在 30 cm 左右，可以使土壤的透气性更高，有利于土壤中的水循环，使农作物在生长阶段更加容易吸收地下水分。耕地深松使土壤的密度变大，有利于农作物根系生长，从而吸收土壤中的各种养分。再加上深度适宜，农作物在生长期间根系更加坚固，抗倒伏能力增强。耕地深松可以改善土壤的蓄水能力。实际上，耕地深松也是对土壤的翻层，通过疏松土层使土壤能够更好地接收降水，并利用土壤的保存能力将其储存起来。这既利于在种植时期给予农作物充分的水分，又能够让土壤在干旱时期进行保水。经研究，进行深松之后的土壤蓄水能力每亩可以增加 15 m³ 左右，该项目共增加蓄水能力 570 万 m³。形成自然的土壤保护水库，提升农作物的水分吸收量。耕地深松是对耕地进行保护的措施。通过土地的翻松，使得土壤和土壤中的水分不会过度流失，保持土壤的水分和肥力，避免水分问题引起的盐碱化和沙漠化等问题。尤其是对一些干旱地区的耕地来说，进行土地深松可以有效防止水土流失，保持植被覆盖率，促进生态环境的保护和耕地的可持续使用。

（4）改善土壤环境

1）农药利用率。

①计算方法。

根据农业农村部和中国农业科学院植物保护研究所袁会珠研究员开发的农药利用率计算模型进行分析，巴彦淖尔市影响农药利用率的因子有农药使用技术操作水平、农药剂型、某种施药机械在某种作物上的病虫草防治面积等。计算式如下：

$$PE_j = \gamma \times \alpha \times \sum_1^x (\frac{S_i}{S} \times D) \qquad (7\text{-}51)$$

$$PE = \sum_1^j (C \times PE_j) \qquad (7\text{-}52)$$

式中，γ——农药使用技术操作水平影响因子；

α——农药剂型优化后的增效系数；

S_i——某种施药机械在某种作物上的病虫草防治面积；

S——某种作物防治面积；

D——不同施药机械利用率全国平均实测值；

j——某种作物；

C——某种作物病虫害防治面积占总防治面积权重。

②计算结果。

将巴彦淖尔市各种作物推广专业化统防统治面积、农民自防面积、助剂使用面积、背负式电动喷雾防治面积、自走式旱田作物喷杆喷雾防治面积、无人机喷雾防治面积、某种作物防治总面积，代入式（7-51）和式（7-52）计算得出 2020 年玉米、向日葵、小麦农药利用率分别为 43.0%、37.3%、40.0%，加权平均后得出全市农药利用率为 40.1%，较 2019 年提高了 2.0 个百分点。

根据全国植保专业统计系统数据，2020 年巴彦淖尔市农作物病虫害防治总面积为 1 196.3 万亩，其中，统防统治面积为 452.9 万亩，农民自防面积为 743.4 万亩。2020 年助剂使用面积为 1 093.4 万亩，自走式旱田作物喷杆喷雾防治面积、无人机喷雾防治面积分别为 721.3 万亩和 386.7 万亩，三者分别较 2019 年增加 350.5 万亩、267.7 万亩次和 18.8 万亩。主要原因：一是统防统治大型植保药械、无人机使用面积逐年增加；二是农药升级换代与施药模式的转变，使助剂使用面积逐年增加（表 7-66）。

表 7-66　巴彦淖尔市农药利用率测算结果

年份	作物	γ 统防统治面积/万亩	γ 农民自防面积/万亩	α 助剂使用面积/万亩	S_i 背负式电动喷雾防治面积/万亩	S_i 自走式旱田作物喷杆喷雾防治面积/万亩	S_i 无人机喷雾防治面积/万亩	S 某种作物防治总面积/万亩	D 背负式电动喷雾器利用率实测值/%	D 自走式旱田作物喷杆机利用率实测值/%	D 无人机利用率实测值/%	农药利用率/%	提高百分比/%
2019	玉米	206.0	316.5	310.5	56.0	298.1	168.4	522.5	51.8	61.8	57.1	38.6	2.1
	向日葵	157.5	278.6	367.3	101.6	155.2	179.3	436.1				37.4	
	小麦	64.5	67.0	65.1	101.0	10.3	20.2	131.5				38.5	
	全市	428.0	662.1	742.9	258.6	463.6	367.9	1 090.1				38.1	
2020	玉米	220.4	299.4	491.3	29.7	340.6	149.5	519.8	51.8	61.8	57.1	43.0	2.0
	向日葵	169.5	353.5	499.2	40.1	285.3	197.6	523.0				37.3	
	小麦	63.0	90.5	102.9	18.5	95.4	39.6	153.5				40.0	
	全市	452.9	743.4	1 093.4	88.3	721.3	386.7	1 196.3				40.1	

2）肥料利用率。

①计算方法。

根据内蒙古自治区土肥站每年的主要农作物（小麦、玉米）肥料利用率试验，试验内容和测算方法按照农业农村部种植业管理司《基于田间试验的三大粮食作物化肥利用率测算规范（试行）》执行，利用率测算结果报内蒙古自治区土肥站审核、汇总，由内蒙古自治区土肥站报农业农村部。肥料利用率计算式：化肥利用率（%）=（N、P 钾区作物吸收的养分量 − 缺素区作物吸收的养分量）/养分施入量×100%。

②计算结果。

由表 7-67 可知，综合 5 个旗（县、区）小麦产量情况，缺氮对小麦产量影响大于缺磷和缺钾，全肥区籽粒、茎叶养分含量普遍高于缺素区，5 个试验点的缺氮区产量均为最低。

表 7-67　不同试验点小麦产量及养分含量

地点	无氮区 籽粒 产量	无氮区 籽粒 TN	无氮区 茎叶 产量	无氮区 茎叶 TN	无磷区 籽粒 产量	无磷区 籽粒 TP	无磷区 茎叶 产量	无磷区 茎叶 TP	无钾区 籽粒 产量	无钾区 籽粒 TK	无钾区 茎叶 产量	无钾区 茎叶 TK	全肥区 籽粒 产量	全肥区 籽粒 TN	全肥区 籽粒 TP	全肥区 籽粒 TK	全肥区 茎叶 产量	全肥区 茎叶 TN	全肥区 茎叶 TP	全肥区 茎叶 TK
磴口县	219.00	13.60	260.61	4.60	275.90	6.41	328.32	3.15	318.70	4.47	382.44	11.50	356.10	21.60	6.89	6.10	427.32	5.90	2.62	15.70
乌拉特后旗	248.82	15.00	269.63	5.00	290.40	9.20	311.97	4.20	339.73	7.80	366.32	37.40	379.72	18.90	9.40	8.20	395.23	8.00	4.40	38.00
乌拉特中旗	465.28	26.23	516.98	12.21	517.32	1.72	574.80	1.13	541.51	2.50	601.68	12.05	583.76	27.50	2.68	2.80	648.62	12.60	1.29	14.80
临河区	315.12	14.09	305.78	2.05	385.69	3.35	320.40	1.02	410.26	5.59	438.09	15.91	436.58	19.26	6.36	5.29	581.79	5.54	1.73	15.64
杭锦后旗	285.23	26.70	313.75	5.86	332.64	0.44	432.43	5.10	369.16	3.70	479.91	15.40	412.57	26.70	0.48	3.70	536.34	5.86	5.60	15.40

由表 7-68 可知，综合 4 个旗（县、区）6 个试验点玉米产量情况，缺氮对玉米产量影响大于缺磷和缺钾，各试验点钾肥利用高于磷肥、钾肥，全肥区产量、养分含量均高于缺素区。

表 7-68　不同试验点玉米产量及养分含量

地点	无氮区				无磷区				无钾区				全肥区							
	籽粒		茎叶		籽粒		茎叶		籽粒		茎叶		籽粒				茎叶			
	产量	TN	产量	TN	产量	TP	产量	TP	产量	TK	产量	TK	产量	TN	TP	TK	产量	TN	TP	TK
杭锦后旗	602.23	13.14	722.68	11.35	719.68	3.36	863.62	1.25	804.56	2.52	965.47	13.05	879.24	13.17	3.68	2.51	1 055.09	11.37	1.38	13.02
临河区	810.21	11.12	766.95	5.08	890.24	2.56	927.32	1.36	1 021.58	5.41	964.84	14.08	1 198.35	11.03	2.61	6.86	954.04	5.94	1.16	14.93
五原县	355.19	26.20	574.20	27.24	764.90	1.64	940.20	1.32	787.10	0.75	998.80	1.28	845.20	17.69	2.16	1.80	1 085.00	14.47	1.11	2.17
乌拉特前旗	493.40	25.86	612.20	5.99	589.80	4.39	725.60	0.70	528.90	4.82	723.40	14.90	736.30	26.79	4.59	5.60	634.90	6.40	0.98	17.96
	656.10	27.71	963.70	9.01	738.60	3.25	850.30	0.92	663.30	4.91	862.30	12.69	731.70	31.99	4.29	5.84	873.00	12.50	1.02	13.78
	487.50	17.39	615.20	8.64	771.00	2.94	748.30	0.71	651.50	4.22	759.60	9.14	724.70	20.19	3.95	5.23	795.90	8.12	0.99	10.17

由表 7-69 可知，巴彦淖尔市小麦平均肥料利用率：氮肥为 39.04%，磷肥为 24.85%，钾肥为 54.60%。

表 7-69　不同试验点小麦肥料利用率

试验地点	肥料利用率/%		
	NUE	PUE	KUE
磴口县	41.91	24.50	51.19
乌拉特后旗	38.10	26.46	53.69
乌拉特中旗	39.65	27.41	52.82
临河区	39.64	21.55	56.20
杭锦后旗	35.88	24.31	59.08
平均	39.04	24.85	54.60

注：NUE—氮肥利用率，PUE—磷肥利用率，KUE—钾肥利用率，下同。

由表 7-70 可知，巴彦淖尔市玉米平均肥料利用率：氮肥为 39.62%，磷肥为 22.93%，钾肥为 59.04%。

表 7-70　不同试验点玉米肥料利用率

试验地点	肥料利用率/%		
	NUE	PUE	KUE
杭锦后旗	39.27	24.77	56.77
临河区	41.52	22.08	56.11
五原县	42.92	28.62	45.73
乌拉特前旗	37.95	21.58	66.22
	38.43	20.20	63.37
	37.64	20.34	66.05
平均	39.62	22.93	59.04

综合平均各试验点数据，得到 2020 年巴彦淖尔市氮肥利用率平均为 39.33%，磷肥利用率平均为 23.89%，钾肥利用率平均为 56.82%。巴彦淖尔市化肥利用率为 40.01%。

3）减轻土壤"白色污染"。

农药废弃物回收项目通过设立 58 个农药包装废弃物回收点，建设 6 处农药包装回收处理站，2019 年农药包装废弃物回收量为 383 t，2020 年回收量为 301.7 t，避免了残留的农药、兽药和重金属等污染物进入土壤对土壤环境造成破坏，对土壤的改良、提高土地肥力、提高土地利用率、降低区内农药污染程度起到关键作用。同时，农药包装废弃物回收，优化了种植—养殖—种植循环经济模式，使农作物秸秆等资源通过资源化利用，起到改良土壤、净化空间、优化环境的作用，使项目区内生态环境进入良性循环，使农、林生产一体化，建立了以生态环境建设为保障，以现代农业为依托，以精品农业开发，农业高新技术推广为一体的综合经济园区和生态绿洲。

农田残膜回收项目通过对农膜废弃物进行回收和再利用，巴彦淖尔市残膜当季回收率达 81.71%，乌拉特前旗达 85%，全市覆膜面积由 2019 年的 817.78 万亩减少到 805.81 万亩，实现国标地膜全覆盖，有效减轻了农膜废弃物对土壤造成的"白色污染"，减轻了对空气、地下水的污染，促使农业生态环境向良性循环方向发展，为农业稳产、高产创造了有利条件，推进废旧地膜的科学回收和利用，可以有效解决巴彦淖尔市耕地的地膜残留问题，保护农村生态环境和村容村貌，同时实现资源的再利用。

（5）改善空气质量

农作物秸秆项目通过秸秆收储运服务基地建设，将农作物秸秆储存在收储运服务基地，避免秸秆乱堆乱放、破坏农村人居环境；此外，通过秸秆能源化利用工程将农作物秸秆废物加工生产成优质秸秆固化成型燃料块、通过秸秆颗粒饲料加工厂将农作物秸秆废物加工成颗粒成品、通过青贮玉米饲料池建设将玉米秸秆青贮成玉米饲料，实现农作物秸秆综合利用，全市秸秆综合利用率达 87.81%，降低了 $PM_{2.5}$、PM_{10} 等颗粒物的浓度，减少了重污染天气的数量，改善了空气质量，此外可降低 CO_2、SO_2 排放量，减小温室效应。

7.5.3　经济效益

（1）直接经济效益

1）作物增产增收。

①计算方法。

某肥料纯增收（元）=［（处理田产量 − 对照田产量）（kg/亩）×产品单价（元/kg）−（处理田肥料成本 − 对照田肥料成本）（元/亩）］×该肥料补贴面积（亩）

项目区纯增收（元）=SUM（各种补贴肥料纯增收）（元）

②计算结果。

减氮控磷肥料补贴项目。该项目总增产 90 587.56 t，纯增收益 21 697.45 万元。其中，高效复合肥料总增产 34 817.62 t，纯增收益 12 606.66 万元；有机、无机复合肥总增产 2 121.72 t，纯增收益 707.28 万元；掺混肥总增产 11 812.70 t，纯增收益 3 654.23 万元；缓控释肥总增产 18 929.71 t，纯增收益 3 189.3 万元；微生物菌肥的总增产量为 22 905.81 t，纯增收益 1 539.98 万元。

种植业结构调整项目。该项目区补贴水溶肥面积 11.1 万亩，通过项目的实施农产品可增产 6 738.26 t，纯增收达 372.55 万元。

智能配肥站建设项目。该项目补贴的配肥站服务面积达到 473.04 万亩。项目区可实现农产品亩均增产 0.004 t/a，亩均增收 25.42 元/a，项目运行期 10 年，共计增产 189 216 t，增收 120 246.77 万元。

增施有机肥项目。该项目区共补贴商品有机肥 103 044.7 亩，粮食及蔬菜共增产 41 726.21 t，补贴后增收 5 801.45 万元。

水肥一体化项目。实施面积 15.14 万亩，亩均灌溉增产收益为 410.31 元/a，项目持续期 10 年，总收益为 68 863.3 万元。

耕地深松项目。据调查，经多年土地深松的实践，土地深松比不深松的耕地在其他投入相同的情况下增产 5% 左右，每亩增产 75 元，项目建设规模 37.5 万亩，新增产值 2 812.5 万元/a，持续期 3 年，共计 8 437.5 万元。

农药包装废弃物回收项目。经调查，农药包装废弃物回收项目直接受益面积是耕地面积的 10%，产值增加率为 2%～3%，回收站产值效益占农药包装废弃物回收项目的 30% 左右。本项目新增产值按 2.5%×30% 预测，河套灌区 2014—2016 年平均单位产值分别为 21 974.8 元/hm^2（1 465 元/亩）、21 168.7/元/hm^2（1 411.24 元/亩）、19 488.7 元/hm^2（1 299.23 元/亩），3 年平均单位产值项为 20 877.4 元/hm^2（1 391.82 元/亩）。本项目建成新增产值按 0.075% 计算，进入达产期 6.667 万 hm^2（100.0 万亩）耕地，新增产值 1 043.8 万元/a，项目持续期 3 年，共计 3 131.4 万元。

农田残膜回收项目。据调查，巴彦淖尔市残膜回收节约生产成本效益亩节本 6 元，402 万亩节本 2 412 万元；项目实施后，由于清除了残膜，由残膜污染引起的 5% 的作物减产不再会产生，这相当于使作物增产 5% 以上，仅以花葵生产为例，按平均亩产 235 kg 计算，年亩增加产量=235 kg× 5%=11.75 kg，每千克按 7.2 元计算，每亩新增产值 84.6 元。402 万亩新增产值 34 009.2 万元。本项目有效期为 2 年，项目建设规模为 26.67 万 hm^2（402 万亩），新增产值为 72 842.4 万元［(34 009.2+2 412)×2］。

青贮玉米饲料项目。据调查，巴彦淖尔市 2015—2017 年青贮秸秆价格分别为 370 元/t、360 元/t、350 元/t，平均产值按 360 元/t。本项目建成新增产值按 30% 计算，有机肥有效期为 3 年，项目建设规模为 16 000 t，新增产值为 518.4 万元（360 元/t×30%×16 000 t×3）。

2）产品销售收入

农作物秸秆资源化利用项目。该项目通过秸秆能源利用年产优质秸秆固化成型燃料块 5 万 t，按当前市场价 450 元/t 计算，可实现销售收益 2 250 万元/a；通过秸秆颗粒饲料加工可实现年均销售收益 3 600 万元；通过秸秆收储运服务基地建设可实现年销售收益 6 000 万元。通过以上三个子项经济效益的汇总，农作物秸秆资源化利用项目销售收入为 11 850 万元/a，项目持续期 10 年，销售收益总计 118 500 万元。

畜禽粪污资源化利用项目。项目建成后，可日处理养殖场粪便及屠宰场牛羊肚粪 200 余 t，年产优质有机矿物复合肥 5 万 t，带动当地就业 50 余人。按当前市场价 600 元/t 计算，可实现年销售收益 3 000 万元，项目持续期 10 年，销售收益总计 30 000 万元。

（2）间接经济效益

1）减少化肥用量。

由于不同肥料价格不一，本次减少化肥用量产生的间接经济效益的计算选取 2021 年巴彦淖尔市主要肥料价格的平均值，根据巴彦淖尔市农牧局提供的 2021 年主要肥料价格统计表（表 7-71），农业投入品减排和耕地质量提升项目的实施减少化肥用量总计 18 964.894 t，每吨价格按平均价格 2 790 元计算，共产生间接经济效益约 5 291.21 万元。

表 7-71　2021 年巴彦淖尔市主要肥料价格统计（6 月 22 日）　　　　　　　　单位：元/t

肥料种类	肥料价格
二铵	3 200
尿素	2 700
复合肥	2 850
硫酸钾	2 800
氯化钾	2 400
平均价格	2 790

2）撬动社会资本。

农业废弃物回收与资源化项目积极撬动社会资本参与项目建设，按照先建后补的模式，吸引社会投资 6 757.2 万元（农作物秸秆综合利用项目社会资本投资 1 332.1 万元、中央财政优势特色绿色肉羊产业 595 万元、草原生态保护补助奖励政策产业扶持 4 万元、农膜废弃物处理厂建设投资 2 075 万元、有机矿物复合肥生产厂建设项目投资 1 633.5 万元、秸秆颗粒燃料加工厂 432.7 万元、农药包装废弃物回收中心 684.9 万元）。

3）环境质量改善效益。

主要计算再生水回用项目和面源污染减排产生的环境质量改善效益。

①再生水回用。

再生水回用对当地环境改善的效益主要从两个方面获得，一方面阻止了污水排放造成的环境污染，另一方面由于使用再生水增加了绿化覆盖面，补给了人工池塘、湖泊，改善了当地居民生存环境。对两个方面效益分别进行计算较难，因此，采用整体法计算产生的经济效益，等价于再生水中污染物没有进入收集处理系统，直接排放造成环境污染，要去除这些污染物的花费。通过机会成本法，这部分效益可用式（7-53）表示：

$$B = \sum_{i=1}^{x} h_i \rho_i Q \qquad (7\text{-}53)$$

式中，h_i——去除单位质量污染物 i 的花费；

ρ_i——污染物 i 的浓度；

Q——再生水总量。

②计算结果。

环境质量改善的收益可通过机会成本法获取，即环境质量提高的总收益（B_2）等同于污染控制和环境修复的花费，计算参数见表 7-72，其中，计算单位质量污染物的去除成本（h_i）取自李俊奇等的研究，污染物 i 的浓度（ρ_i）为污水处理厂再生水浓度。通过计算，环境质量改善的收益估算为 93.09 万元/a。

表 7-72　污染物去除成本参数

	COD	SS	NH$_3$-N	TP
去除成本（h_i）/（元/kg）	3.64	5.34	6.16	292.45
乌拉特前旗污水处理厂再生水中浓度（ρ_i）/（mg/L）	21	8.5	0.76	0.04
坝头污水处理厂再生水中浓度（ρ_i）/（mg/L）	36	6	2.31	0.37

③面源污染减排。

减氮控磷项目区共计可减少氮素流失 890.31 t，减少磷素流失 587.1 t；智能配肥站项目区共计可减少氮素流失 -2 869.6 t，减少磷素流失 10 685.6 t；种植业结构调整项目区 3 年共计可减少氮素流失 10.34 t，减少磷素流失 1.08 t。增施有机肥项目区 3 年共计可减少氮素流失 11.47 t，减少磷素流失 13.63 t。面源污染减排产生的环境质量改善效益通过污水处理厂污染物处理成本计算，污水处理厂每去除 1 t N、1 t P 的成本分别为 1 500 元、2 500 元。经计算，环境质量改善效益为 2 528.23 万元。

通过畜禽粪污资源化利用，COD、TP 和 TN 减排量分别为 12 443.9 t/a、1 469.71 t/a 和 5 268.44 t/a。污水处理厂每去除 1 t COD、1 t N、1 t P 的成本分别为 3 000 元、1 500 元、2 500 元。经计算，环境质量改善收益为 4 890.86 万元/a，项目有效期 10 年，共计 48 908.6 万元。

4）传统水资源替代效益。

由于再生水用于道路绿化、农业灌溉等，节省了部分灌溉水，乌拉特前旗乌拉山镇污水处理厂再生水产量 605.15 万 t/a，当地中水价格 1.4 元/t，灌溉水价 1.73 元/t，基于水价差，每吨节省 0.33 元，产生收益 199.7 万元/a，项目运行期 10 年，共计产生收益 1 997 万元；乌梁素海坝头污水处理厂再生水产量 4.38 万 t/a，当地中水价格 1.4 元/t，灌溉水价 1.73 元/t，基于水价差，每吨节省 0.33 元，产生收益 1.45 万元/a，项目运行期 10 年，共计产生收益 14.5 万元。传统水资源替代收益总计 2 011.5 万元。

7.5.4 社会效益

（1）控水降耗明显

通过调整种植业结构、耕地深松及水肥一体化项目，可以起到控水降耗，节约水资源的效果。

1）调整种植业结构。

根据《乌梁素海流域农业面源污染综合治理控水降耗绩效评价报告》中的相关数据，调整种植结构，引导农民种植青贮玉米 20.2 万亩，增加优质牧草、中药材面积 2.89 万亩，据测算，青贮玉米比籽粒玉米亩均节水约 80 m³，牧草、中药材等作物灌水次数较少，比玉米亩均节水 150 m³，实现 2020 年节水 1 600 万 m³ 以上。

节水依据：河套灌区籽粒玉米全生育期灌水 4 次，亩均灌水约 450 m³；青贮玉米提前收获，亩均少浇水约 80 m³；牧草、中药材作物灌水 1～2 次，每次 80～100 m³，全生育期亩均灌水约 200 m³。

2）耕地深松。

根据《乌梁素海流域农业面源污染综合治理控水降耗绩效评价报告》中的相关数据，推广机械深松技术 38 万亩，亩均灌溉水量减少 30～50 m³，可实现 2020 年节水 1 140 万～1 900 万 m³。节约下来的水资源，由田间地头走向工业、生态、生活等领域，缓解了水资源短缺，有力支撑了经济社会可持续发展。

节水依据：通过大马力拖拉机牵引深松整地机械，进行田间土壤耕作，打破坚硬的犁底层，疏松耕层土壤，改善土壤耕层结构，增强土壤蓄水保墒功能，有效改良土壤团粒结构、促进农作物根系生长。据杭锦后旗农技推广部门试验示范数据，深松后每亩土壤含水量较未深松的增加 15.88%。

3）水肥一体化。

根据《乌梁素海流域农业面源污染综合治理控水降耗绩效评价报告》中的相关数据，截至 2020 年年底，巴彦淖尔市推广水肥一体化高效灌溉面积达 225.5 万亩（包含引黄滴灌 4.45 万亩），较 2019 年新增 25.1 万亩，亩均节水 150 m³，2020 年新增节水 3 765 万 m³，比常规渠道灌溉节水 30%～40%，有效提高了水肥利用率。

节水依据：应用滴灌水肥一体化技术，亩均较常规渠灌节水 150 m³，以玉米为例，河套灌区种植玉米全生育期灌水 4 次，每次 100～120 m³，全生育期亩均灌水约 450 m³；滴灌水肥一体化全生育期滴水 8～10 次，每次 20～30 m³，全生育期亩均灌水约 300 m³。

（2）控肥效果明显

1）评价方法。

施用某肥料减少化肥用量（kg）=（处理田化肥用量-对照田化肥用量）（kg/亩）×
该肥料应用面积（亩）

项目区减少化肥量（kg）=SUM（各种肥料减少的化肥量）

每类肥料根据施肥方式分为不同组，每组由不同的常规施肥方式作为对照，化肥用量为折纯量。计算结果为正值说明具有控肥效果，为负值说明化肥用量增加。

2）计算结果。

根据内蒙古北疆生态环境大数据研究院和内蒙古农业大学联合编制的《2020 年巴彦淖尔市乌梁素海流域山水林田湖草恒泰保护修复试点工程肥料补贴项目绩效评价报告》中的计算结果，农业投入品减排和耕地质量提升工程的实施总计减少化肥用量 6 597.5 t（折纯）。

（3）促进农牧业发展

通过本项目的实施，巴彦淖尔市畜禽粪污综合利用率达 92.02%，扩大了肥料来源，变废为宝，延长了畜产品的产业链，实现了产品的增值，促进了农业产业结构的调整。项目建在河套灌区，增加了肥料供给量，既保障了农区畜牧业的发展，又提高了农产品品质和生产能力，给巴彦淖尔市畜牧业的稳定发展奠定了基础。

农作物秸秆综合利用率巴彦淖尔市达 87.81%，扩大了秸秆固化成型燃料块来源，变废为宝，延长了农作物秸秆产品的产业链，实现了产品的增值，促进了农业产业结构的调整。"秸秆煤炭"是一种新型的生物质再生资源，因清洁环保，能有效地解决农村荒烧秸秆，缓解部分地区能源短缺问题，保护大气环境，具有良好的产业原煤的价格，应用范围极广。

残膜当季回收率巴彦淖尔市达 81.71%，乌拉特前旗达 85%，全市覆膜面积由 2019 年的 817.78 万亩减少到 805.81 万亩，实现国标地膜全覆盖，从而有效净化土壤，提高肥、水、药利用率，提高土壤质量，提高农产品的产量、质量，增产增收，对实现效益型农业和生态型农业具有重要意义。

（4）提高就业率

该项目的实施增加了就业机会，直接安排就业人员 80 人以上，间接安排就业人员 200 人以上，解决了农村剩余农动力的安置问题。

（5）改善居民生活质量，提升村容村貌

通过本项目的实施，减少了农药对环境和土壤的污染，土地综合生产能力将提高 10%左右，极大地促进了农业增产和农民增收，实现农业增产 626.3 万元；年产优质有机矿物合肥 5 万 t，年利润 158.63 万元，农作物秸秆资源化利用项目年利润为 756.68 万元，增加了财政收入，促进了地方经济的发展和社会的稳定，极大地鼓舞了当地其他农民致富奔小康的希望。农田残膜回收项目的实施带动 6 000 余户农户降本增收，新增产值 36 340 万元，扶持 520 余户贫困户脱贫致富，成效显著。

本项目的实施可有效解决农业面源和城镇点源污染问题，防止对地下水、乌梁素海和土壤的污染，防止恶臭熏天，提升区域空气质量，改善城乡居民的生存环境，改变农村脏、乱、差的现状，提升村容村貌和居民健康水平，使城市居民生活在一个干净、卫生、整洁的城市氛围之中，有效地改善地区的生态环境、旅游环境和投资环境，促进地方区域发展。

7.6 乌梁素海湖体水环境保护与修复工程

通过工程的实施，优化了海区的水动力条件，减少了死水或滞水区，改善了整个湖区的水流条件和湖水富营养化状态，抑制了芦苇和其他水生植物的继续蔓延，减缓了沼泽化进程，促进了湖泊向良性发展，使乌梁素海达到Ⅴ类水质标准，部分地区达到Ⅳ类标准，使乌梁素海维持和谐的生态系统，形成了以平原水库、生态屏障、渔业资源、风景旅游、灌排降解功能为核心，生态环境质量一流、湖泊景观环境优美、资源开发利用合理的草原绿色湖泊，真正成为一颗风景秀美，物产丰富，经济富裕的"塞外明珠"。

7.6.1 评价指标

根据乌梁素海湖体水环境保护与修复工程内容，建立生态效益、经济效益和社会效益评价指标体系，见表 7-73。

表 7-73 湖体水环境保护工程绩效评价指标体系

一级指标	二级指标	三级指标	评估内容
生态效益	水环境质量改善	内源污染削减	削减内源氮、磷污染物
		水质提升	湖区水质类别改善，排水通畅
		富营养化指数	富营养化指数降低
	降低环境风险	降低污染物释放风险	生态风险指数
	生物多样性改善	生物多样性提高	群落结构、种群数量提高
经济效益	直接经济效益	芦苇供给效益	芦苇收购产生的经济效益
		水产品供给效益	水产品收购产生的经济效益
	间接经济效益	防洪减灾效益	增加等库容水库建设的投资
		水资源利用效率	清淤后增加的水资源用于灌溉、工业或生活用水的效益
社会效益	促进社会进步的效益	防洪减灾，维护北方地区生态安全	排水通畅
		促进农业发展	排洪排涝功能提升
		提高居民生活品质	生态环境改善
		提高区域知名度	
		促进湖泊修复技术发展	内源污染原位修复技术

7.6.2 生态效益

该项目产生的生态效益主要是通过底泥清淤、水生植物资源化及底泥原位修复工程削减内源污染，提高水环境质量，降低污染物排放风险，改善水生态系统的群落结构，提高种群数量。

（1）水环境质量改善

1）内源污染削减。

①东、西湖区湿地治理及水道疏浚工程。

中国环境科学研究院相关工作人员于 2020 年 10 月对总排干、一排干、二排干、三排干、义通排干沟、皂沙排干沟、六排干、七排干新沟、七排干旧沟、八排干、九排干、十排干以及斗沟、支沟、农沟、毛沟共计 14 个点位进行了底泥样品采集工作，选择其中八排干、九排干底泥作为八排干、九排干入湖口、西大滩水道疏浚底泥参考（表 7-74 和图 7-8）。

表 7-74　八排干、九排干底泥检测结果

名称	点位	TN/（g/kg）	TP/（g/kg）	容重/（g/cm³）
八排干	9	1.10	0.65	1.35
九排干	10	0.77	0.67	1.30

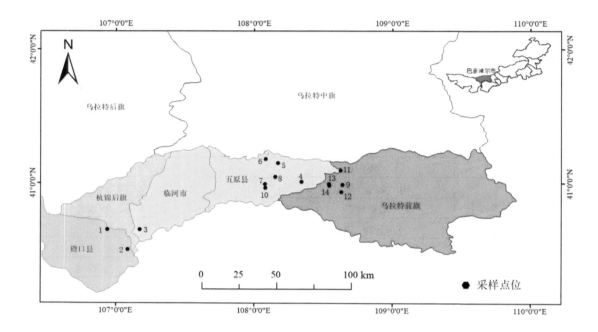

图 7-8　采样点信息

根据《乌梁素海湖区湿地治理及湖区水道疏浚工程初步设计》文件，2019 年 10 月—2020 年 1 月分别对水道疏浚项目区进行了底泥采样检测分析，底泥检测结果见表 7-75、表 7-76。

表 7-75　底泥 TN 含量

序号	乌梁素海采样区域	浓度/（g/kg）	平均浓度/（g/kg）	容重/（g/cm³）
1	西部区	0.851～3.027	1.72	1.35
2	东部区	0.730～2.440	1.49	1.38

表 7-76　底泥 TP 含量

序号	乌梁素海采样区域	浓度/（g/kg）	平均浓度/（g/kg）	容重/（g/cm³）
1	西部区	0.011～0.813	0.44	1.35
2	东部区	0.116～0.889	0.54	1.38

①北部区
②西部区
③东部区
④中部区
⑤西南区
⑥南部区

图 7-9　乌梁素海分区情况

西侧湖区水道疏浚工程清淤量，包括八排干清淤量 32.86 万 m³、九排干水道疏浚工程清淤量 24.67 万 m³ 和西大滩水道疏浚清淤量 14.47 万 m³，共计 72 万 m³；西大滩生态清淤量共计 77.6 万 m³。根据八排干、九排干及西大滩底泥检测结果，可计算出西侧湖区水道疏浚及生态清淤，共去除 TN 2 872.79 t、TP 1 050.13 t。

东侧湖区水道疏浚工程清淤量，包括坝湾 1～4 线清淤工程、坝湾一二线和二点清淤工程、东大滩清淤工程、坝头水道疏浚工程和活水循环工程，共计挖方量为 357.13 万 m³。根据东侧湖区底泥检测结果，可计算出东侧湖区水道疏浚及生态清淤，共去除 TN 7 343.31 t、TP 2 661.33 t。

乌梁素海湖区湿地治理及湖区水道疏浚工程中，东、西侧湖区清淤量共计 506.73 万 m³，共去除 TN 10 216.1 t、TP 3 711.46 t。

②水生植物资源化工程。

《乌梁素海综合治理规划》提出，乌梁素海的主要污染源为点源、面源和内源污染，这造成乌梁素海水体富营养化程度严重，水质中的 N、P 成分较多，需要采取工程措施和非工程措施进行综合治理。乌梁素海生长的芦苇可以吸收水质中的 N、P 成分，起到净化水体的作用。收割芦苇，可以将芦苇中吸收的 N、P 转移出去，达到净化水体、改善水质的目的。根据《乌梁素海流域山水林田湖草生态保护修复试点工程实施方案》可知，芦苇收割面积约 1.20 万 hm²，预计年收芦苇 6 万 t，以水生植物中 N、P 平均含量计算，预计每年从污泥和水中移出 N、P 分别约为 130 t、20 t，项目共实施 3 年。

污水处理厂每去除 1 t N、1 t P 的成本分别为 1 500 元、2 500 元，水生植物资源化处理工程富营养化改善效益计算式如下：

$$A = \sum B_i \times C_i \tag{7-54}$$

式中，A——富营养化改善效益；

C_i——污水处理厂第 i 种污染物处理成本，元/t；

B_i——第 i 种污染物削减量，t/a。

经计算，3 年内，水生植物资源化处理工程富营养化改善效益为 24.5 万/a。

③乌梁素海底泥处置实验示范工程。

中国环境科学研究院相关工作人员分别于 2020 年 5 月、2020 年 7 月、2020 年 8 月、2020 年 9

月、2020 年 11 月、2021 年 1 月及 2021 年 5 月对乌梁素海七作业示范区和小泩示范区内的 24 个点位（图 7-10）进行了为期一年的底泥样品采集检测分析工作。根据样品检测结果，从底泥污染物削减效益、水环境改善效益、物种丰度改善效益以及富营养化状况改善效益等几个方面对乌梁素海底泥处置试验示范工程带来的生态效益进行分析评价。

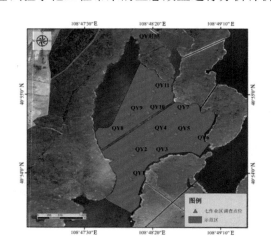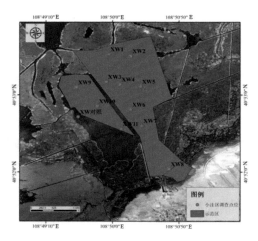

（a）七作业区采样点   （b）小泩区采样点

图 7-10   底泥处置实验示范工程采样点

七作业示范区表层底泥中，修复前（2020 年 5 月）底泥中 TP 含量、有机质含量、底泥厚度分别为 482.27 mg/kg、85.56 g/kg、77.0 cm；修复后（2021 年 5 月）底泥 TP 含量、有机质含量、底泥厚度分别为 290.55 mg/kg、50.94 g/kg、60.5 cm。经过为期一年的修复，示范区内 TP 和有机质的去除率分别为 41.76% 和 42.45%，底泥厚度削减 16.5 cm。表层 10 cm 以上底泥中 TP 和有机质分别去除了 19.94 t 和 3 595.48 t。

小泩示范区表层底泥中，修复前（2020 年 5 月）底泥中 TP 含量、有机质含量、底泥厚度分别为 593.64 mg/kg、91.38 g/kg、74.58 cm；修复后（2021 年 5 月）底泥 TP 含量、有机质含量、底泥厚度分别为 472.36 mg/kg、45.23 g/kg、61.0 cm。经过为期一年的修复，示范区内 TP 和有机质的去除率分别为 32.49% 和 58.00%，底泥厚度削减 16.09 cm。表层 10 cm 以上底泥中 TP 和有机质分别去除了 21.64 t 和 5 946.94 t（表 7-77）。

表 7-77   底泥污染物削减情况

点位	时间	TP/（mg/kg）	容重/（g/cm³）	有机质/（g/kg）
七作业示范区	2020 年 5 月	482.27	0.3	85.56
	2020 年 7 月	481.32		92.32
	2020 年 8 月	550.91		86.77
	2020 年 9 月	530.45		90.21
	2020 年 11 月	379.36	0.32	37.57
	2021 年 1 月	607.21	0.63	63.91
	2021 年 5 月	290.55	0.29	50.94
去除率/%		41.76	—	42.45

点位	时间	TP/（mg/kg）	容重/（g/cm³）	有机质/（g/kg）
小㽏示范区	2020 年 5 月	593.64	0.33	91.38
	2020 年 7 月	603.45		102.24
	2020 年 8 月	750.55		98.01
	2020 年 9 月	578.91		96.83
	2020 年 11 月	508.09	0.25	37.74
	2021 年 1 月	585.45	0.75	54.56
	2021 年 5 月	472.36	0.28	45.23
去除率/%		32.49	—	58.00

2）水质改善，排水通畅。

①湖区水质改善。

根据 2017—2020 年乌梁素海湖区入湖口、湖心、出湖口的水质检测结果可以看出，2017—2020 年湖区水体中污染物浓度总体呈下降趋势，水质逐年改善，并向良好方向发展。

东侧湖区湿地治理及湖区水道疏浚工程入湖区水体中，COD_{Mn} 为《地表水环境质量标准》Ⅱ类水质标准，削减率为 48.58%；BOD 为地表水Ⅰ类标准，削减率为 50.34%；COD 为地表水Ⅲ类标准，削减率为 30.56%；TN 为地表水Ⅳ类标准，削减率为 1.26%；NH_3-N 为地表水Ⅰ类标准，削减率为 56.76%；TP 为地表水Ⅱ类标准，削减率为 59.34%。

西侧湖区湖心区域及湖区出口区域水质改善状况良好，其中湖心区 COD_{Mn} 为地表水Ⅲ类标准，削减率为 33.34%；BOD 为地表水Ⅲ类标准，削减率为 4.22%；COD 为地表水Ⅲ类标准，削减率为 51.91%；TN 为地表水Ⅲ类标准，削减率为 54.33%；NH_3-N 为地表水Ⅱ类标准，削减率为 13.83%；TP 为地表水Ⅰ类标准，削减率为 64.48%。

乌梁素海湖区出湖区域 COD_{Mn} 指数为地表水Ⅲ类标准，削减率为 39.59%；BOD 为地表水Ⅰ类标准，削减率为 32.38%；COD 为地表水Ⅲ类标准，削减率为 51.52%；TN 为地表水Ⅳ类标准，削减率为 29.54%；NH_3-N 为地表水Ⅱ类标准，削减率为 41.67%；TP 为地表水Ⅱ类标准，削减率为 40.06%。

乌梁素海近几年湖区水质情况有较大改善，整体上由 2017 年的劣Ⅴ类水质提高到Ⅳ类水质，水体中 COD_{Mn}、BOD、COD、TN、NH_3-N、TP 削减效果良好，与工程实施前相比，去除率为 1.26%～64.48%，平均去除率为 39.09%。湖区水体中硫酸盐和氯化物去除率分别为 45.71% 和 32.81%，湖区出口硫酸盐和氯化物去除率分别为 64.81% 和 65.17%（表 7-78、表 7-79）。

表 7-78　2017—2020 年乌梁素海湖区水质情况　　　　　　　　　　　单位：mg/L

年份	点位名称	溶解氧	COD_{Mn}	BOD	COD	TN	NH_3-N	TP	石油类	挥发酚	氟化物	氰化物	阴离子表面活性剂	硫化物	粪大肠菌群
2017	入口区	9.589	7.171	2.92	29.38	1.742	0.185	0.083	0.01	0.000 3	0.523	0.001	0.05	0.005	392.22
2018	入口区	9.027	4.104	3.0	28	1.636	0.247	0.08	0.01	0.000 3	0.458	0.001	0.05	0.004	363
2019	入口区	10.1	4.697	2.4	19	1.60	0.509	0.06	0.01	0.002	0.60	0.001	0.05	0.004	97
2020	入口区	9.6	3.7	1.5	20	1.72	0.08	0.03	0.02	0.000 3	0.32	0.001	0.05	0.005	50
2017	湖心区	7.7	8.4	3.4	38.2	1.6	0.2	0.1	0.01	0.000 3	0.6	0.001	0.05	0.005	401.11
2018	湖心区	8.83	5.0	3.3	23	1.31	0.39	0.056	0.01	0.000 4	0.64	0.002	0.06	0.002	—

年份	点位名称	溶解氧	COD$_{Mn}$	BOD	COD	TN	NH$_3$-N	TP	石油类	挥发酚	氟化物	氰化物	阴离子表面活性剂	硫化物	粪大肠菌群
2019	湖心区	8.4	5.3	3.3	15	1.51	0.22	0.012 5	0.015	0.000 2	0.43	0.002	0.025	0.003	—
2020	湖心区	9.7	5.6	3.2	18	0.74	0.18	0.02	0.005	0.000 3	0.37	0.002	0.02	0.002	—
2017	出口区	8.042	8.371	3.811	40.46	2.111	0.36	0.06	0.01	0.000 3	0.648	0.001	0.05	0.005	96.67
2018	出口区	8.42	5.6	3.4	33	1.951	0.23	0.07	0.01	0.002	0.562	0.002	0.05	0.004	336
2019	出口区	8.5	6.1	2.5	25	1.863	0.44	0.05	0.01	0.002	0.60	0.001	0.05	0.004	65
2020	出口区	8.0	5.1	2.6	20	1.49	0.21	0.04	0.02	0.000 3	0.45	0.001	0.05	0.005	32

年份	点位名称	As	Hg	Pb	Cu	Zn	Cd	Se	六价铬	硫酸盐	氯化物
2017	入口区	0.006	0.000 06	0.008	0.007	0.026	0.000 4	0.000 4	0.004	385.4	511.6
2018	入口区	0.002 0	0.000 04	0.005	0.001	0.05	0.000 7	0.000 4	0.004	—	—
2019	入口区	0.001 0	0.000 04	0.004	0.002	0.004	0.000 9	0.000 4	0.004	—	—
2020	入口区	0.002 0	0.000 04	0.000 3	0.002	0.003	0.000 06	0.000 4	0.004	209.25	343.75
2017	湖心区	0.0	0.0	0.0	0.0	0.0	0.0	0.000 4	0.004	570.6	963.1
2018	湖心区	0.002 8	0.000 03	0.002	0.001	0.02	0.000 05	0.000 2	0.002	—	—
2019	湖心区	0.001 4	0.000 02	0.001	0.001	0.025	0.000 05	0.000 2	0.002	—	—
2020	湖心区	0.001 1	0.000 02	0.001	0.001	0.025	0.000 05	0.000 2	0.002	—	—
2017	出口区	0.004	0.000 056 25	0.010 44	0.006	0.041	0.000 71	0.000 4	0.004	594.6	986.9
2018	出口区	0.002 8	0.000 04	0.008	0.001	0.05	0.000 9	0.000 4	0.004	—	—
2019	出口区	0.002	0.000 04	0.006	0.001	0.004	0.001 4	0.000 4	0.004	—	—
2020	出口区	0.002 0	0.000 04	0.000 3	0.002 3	0.003	0.000 06	0.000 4	0.004	209.25	343.75

表 7-79　2017—2020 年乌梁素海湖区水质情况　　　　　　　　　　　　单位：mg/L

年份	点位名称	COD$_{Mn}$	BOD	COD	TN	NH$_3$-N	TP
2017	入口区	7.171	2.92	29.38	1.742	0.185	0.083
2020	入口区	3.7	1.5	20	1.72	0.08	0.03
去除率/%		48.58	50.34	30.65	1.26	56.76	59.34
2017	湖心区	8.4	3.4	38.2	1.6	0.2	0.1
2020	湖心区	5.6	3.2	18	0.74	0.18	0.02
去除率/%		33.34	4.22	51.91	54.33	13.83	64.48
2017	出口区	8.371	3.811	40.46	2.111	0.36	0.06
2020	出口区	5.1	2.6	20	1.49	0.21	0.04
去除率/%		39.59	32.28	51.52	29.54	41.67	40.06

②湖区水动力条件改善效益。

西大滩水道疏浚、坝湾项目区水道疏浚、一二线输水道疏浚工程连通南北输水管道，改善了芦苇地及西大滩入湖口水体流动性差和水动力条件不足的情况，缓解了入湖口排干水堵塞的情况，使水体流动更顺畅；同时有效清除西大滩黄河入湖口淤积泥沙，减轻了黄河入湖泥近十年在西大滩水域的淤积情况，有利于入湖水体中污染物的扩散和自然稀释以及湖区水体污染物的生态降解，提升了黄河入湖口水体流动性，整体提高了西大滩水域的生态环境质量，保证了湖区水质的稳定性。

东大滩区水道疏浚、坝头明水面开挖和湖区东侧活水循环有效减少湖区东岸芦苇区面积，有效提高了水体流动性，将水体滞淤的芦苇区域通过开挖输水道的方式相互连通，在减少滞水面积的基础上让原本相对封闭的死水区和淤堵区的水体流动起来，有利于提高水体自净能力，进而实现整个区域的水循环流动，改善东侧湖区滞水现状，增强区域水动力条件；一定程度上提升了海堤路沿线景观功能，有利于湖区旅游业发展。

③底泥处置示范区水质改善。

七作业示范区水体中，修复前（2020 年 5 月）COD_{Mn} 为 4.45 mg/L，修复后（2021 年 5 月）为 1.11 mg/L，削减率为 71.92%，满足《地表水环境质量标准》Ⅰ类水质标准；修复前（2020 年 5 月）COD 浓度为 22.45 mg/L，修复后（2021 年 5 月）为 21.09 mg/L，削减率为 5.76%，满足地表水Ⅳ类水质标准；修复前（2020 年 5 月）TP 浓度为 0.03 mg/L，修复后（2021 年 5 月）为 0.01 mg/L，削减率为 62.47%，满足地表水Ⅰ类水质标准。整体来说，经过底泥处置试验示范工程七作业示范区上覆水部分指标得到明显改善，COD_{Mn}、COD 和 TP 分别去除 71.92%、5.76%和 62.47%（表 7-80）。

表 7-80　七作业示范区水质改善指标

时间	COD_{Mn}/（mg/L）	COD/（mg/L）	TP/（mg/L）
2020 年 5 月	4.45	22.45	0.03
2020 年 7 月	4.00	17.18	0.01
2020 年 8 月	5.20	22.00	0.15
2020 年 9 月	4.37	11.73	0.03
2020 年 11 月	3.01	14.09	0.01
2021 年 1 月	6.37	25.36	0.01
2021 年 5 月	1.11	21.09	0.01
削减率/%	71.92	5.76	62.47

小洼示范区水体中，修复前（2020 年 5 月）COD_{Mn} 浓度为 6.93 mg/L，修复后（2021 年 5 月）为 1.45 mg/L，削减率为 75.11%，满足《地表水环境质量标准》Ⅰ类水质标准；修复前（2020 年 5 月）COD 浓度为 32.36 mg/L，修复后（2021 年 5 月）为 16.45 mg/L，削减率为 39.54%，满足地表水Ⅲ类水质标准；修复前（2020 年 5 月）TP 浓度为 0.04 mg/L，修复后（2021 年 5 月）为 0.02 mg/L，削减率为 40.53%，满足地表水Ⅰ类水质标准。整体来说，经过底泥处置试验示范工程小洼示范区上覆水部分指标得到明显改善，COD_{Mn}、COD 和 TP 分别去除了 75.11%、39.54%和 40.53%（表 7-81）。

表 7-81　小洼示范区水质改善指标

时间	COD_{Mn}/（mg/L）	COD/（mg/L）	TP/（mg/L）
2020 年 5 月	6.93	32.36	0.04
2020 年 7 月	4.00	14.73	0.03
2020 年 8 月	5.20	33.64	0.13
2020 年 9 月	7.15	29.36	0.02
2020 年 11 月	6.50	16.00	0.01
2021 年 1 月	7.63	37.90	0.02
2021 年 5 月	1.45	16.45	0.02
削减率/%	75.11	39.54	40.53

3）富营养化指数降低。

七作业示范区富营养化评价结果如表 7-82、表 7-83 所示，修复后（2021 年 5 月）示范区内综合营养状态指数为 36.43，参考湖泊综合营养指数分级标准，示范区处于中营养化状态 [中营养：30＜TLI（∑）≤50]。修复前（2020 年 5 月）示范区富营养状态指数为 38.55，经过为期一年的修复，七作业区水体富营养化状态有所改善。

表 7-82　七作业示范区 2020 年 5 月富营养化评价

指标	均值	TLI（j）	r_{ij}^2	W_j	$W_j \times$TLI（j）	TLI（∑）
叶绿素 a	1.09	25.94	1.00	0.27	6.91	
TP	0.03	38.96	0.71	0.19	7.32	
TN	0.74	49.43	0.67	0.18	8.85	38.55
SD	1.48	43.57	0.69	0.18	7.99	
COD$_{Mn}$	4.45	40.82	0.69	0.18	7.49	

表 7-83　七作业示范区 2021 年 5 月富营养化评价

指标	均值	TLI（j）	r_{ij}^2	W_j	$W_j \times$TLI（j）	TLI（∑）
叶绿素 a	2.87	36.45	1.00	0.27	9.70	
TP	0.02	30.83	0.71	0.19	5.79	
TN	2.66	71.10	0.67	0.18	12.73	36.43
SD	1.70	40.88	0.69	0.18	7.50	
COD$_{Mn}$	1.11	3.87	0.69	0.18	0.71	

小洼示范区富营养化评价结果如表 7-84、表 7-85 所示，修复后（2021 年 5 月）示范区内综合营养状态指数为 39.31，参考湖泊综合营养指数分级标准，示范区处于中营养化状态 [中营养：30＜TLI（∑）≤50]。修复前（2020 年 5 月）示范区富营养状态指数为 45.45，经过为期一年的修复，小洼示范区水体富营养化状态有所改善。

表 7-84　小洼示范区 2020 年 5 月富营养化评价

指标	均值	TLI（j）	r_{ij}^2	W_j	$W_j \times$TLI（j）	TLI（∑）
叶绿素 a	4.18	40.53	1.00	0.27	10.79	
TP	0.04	42.09	0.71	0.19	7.91	
TN	0.70	48.49	0.67	0.18	8.68	45.45
SD	1.31	45.94	0.69	0.18	8.43	
COD$_{Mn}$	6.93	52.60	0.69	0.18	9.65	

表 7-85　小洼示范区 2021 年 5 月富营养化评价

指标	均值	TLI（j）	r_{ij}^2	W_j	$W_j \times$TLI（j）	TLI（∑）
叶绿素 a	4.52	41.38	1.00	0.27	11.02	
TP	0.02	30.83	0.71	0.19	5.79	
TN	2.92	72.68	0.67	0.18	13.01	39.31
SD	1.71	40.77	0.69	0.18	7.48	
COD$_{Mn}$	1.45	10.98	0.69	0.18	2.01	

（2）降低污染物潜在风险

单个重金属潜在风险指数：

$$C_f^i = C_D^i / C_R^i \qquad\qquad (7\text{-}55)$$

$$E_r^i = T_r^i \times C_f^i \qquad\qquad (7\text{-}56)$$

$$RI = \sum_{i=1}^{n} E_r^i \qquad\qquad (7\text{-}57)$$

式中，C_f^i——某一重金属的污染系数；

$\quad\quad C_D^i$——底泥中重金属的实测含量；

$\quad\quad C_R^i$——计算所需的参比值（采用中国土壤重金属背景值作为参比）；

$\quad\quad E_r^i$——潜在生态风险系数；

$\quad\quad T_r^i$——单个污染物的毒性响应系数（Cr、Cu、Zn、As、Cd、Hg、Pb 的毒性响应参数分别为

$\quad\quad\quad\quad$ 2、5、1、10、30、40、5）；

$\quad\quad RI$——多种金属的潜在生态风险指数。

以中国土壤重金属背景值作为参比，计算单一元素生态风险指数（E_r^i）和综合生态风险指数（RI）。单一元素生态风险指数（E_r^i）统计结果见表 7-86，八排干、九排干及西大滩底泥中 7 种重金属 E_r^i 值大小总体上呈现 Cd>As>Hg>Cu>Pb>Cr>Zn 的趋势。由表 7-87 可知，八排干、九排干及西大滩均处于重金属低污染范围内，可认为无潜在生态风险。

表 7-86　排干沟底泥中重金属潜在生态风险评价

名称	E_r^i						
	Hg	Cr	Cu	Zn	As	Cd	Pb
八排干	13.30	1.11	2.88	0.64	8.84	28.50	2.48
九排干	8.26	1.29	3.34	0.70	10.04	27.00	2.91
西侧湖区	8.71	1.52	3.73	0.69	10.76	27.00	3.26
东侧湖区	4.95	1.48	3.41	0.70	10.71	24.75	3.32

表 7-87　重金属污染程度及潜在生态危害等级划分标准

单一污染物污染系数（E_r^i）		潜在生态风险指数（RI）	
阈值区间	程度分级	阈值区间	程度分级
$E_r^i < 40$	低污染	RI<150	低风险
$40 \leqslant E_r^i < 80$	中等污染	$150 \leqslant RI < 300$	中风险
$80 \leqslant E_r^i < 160$	较高污染	$300 \leqslant RI < 600$	高风险
$160 \leqslant E_r^i < 320$	高污染	$600 \leqslant RI < 1\,200$	很高风险
$E_r^i \geqslant 320$	严重污染	$RI \geqslant 1\,200$	极高风险

综合生态风险指数（RI）如图 7-11 所示，八排干、九排干沟及东、西侧湖区潜在风险指数为 49.31～57.74，均处于低风险区。

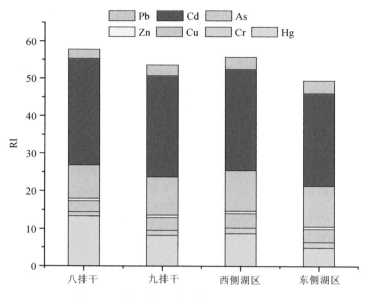

图 7-11　底泥中 7 种重金属综合污染指数

（3）生物多样性改善

通过对七作业示范区水生态的调查，修复前（2020 年 5 月）浮游植物鉴别出 31 属种，修复后（2021 年 5 月）七作业示范区内浮游植物物种数增加至 39 属种；修复前（2020 年 5 月）上覆水微生物群落结构多样性（H 指数）值为 5.40，修复后（2021 年 5 月）上覆水微生物群落结构多样性（H 指数）值增加至 6.69。经过为期一年的修复，与背景值相比，七作业示范区浮游植物种数以及生物群落多样性指数均有所增加，优化和完善了示范区的生态系统。

通过对小洼示范区水生态的调查，修复前（2020 年 5 月）浮游植物、浮游动物分别鉴别出 31 属种、22 属种，修复后（2021 年 5 月）小洼示范区内浮游植物、浮游动物分别增加至 40 属种、29 属种（表 7-88）；修复前（2020 年 5 月）浮游植物、浮游动物、上覆水微生物群落结构的 H 指数分别为 2.07、0.89、5.40，修复后（2021 年 5 月）浮游植物、浮游动物、上覆水微生物群落结构的 H 指数分别增加至 2.35、1.17、7.05（表 7-89）。经过为期一年的修复，与背景值相比，小洼示范区浮游植物种数、浮游动物种数、浮游植物 H 值、浮游动物 H 值以及微生物群落结构 H 值均有所增加，优化和完善了示范区的生态系统。

表 7-88　小洼示范区物种数　　　　　　　　　　　　　　　　　　单位：属种

日期	浮游植物	浮游动物
2020 年 5 月	31	22
2021 年 5 月	40	29

表 7-89　七作业示范区和小洼示范区物种多样性（H 指数）改善情况

日期	七作业示范区	小洼示范区		
	微生物群落结构	浮游植物	浮游动物	微生物群落结构
2020 年 5 月	5.40	2.07	0.89	5.40
2021 年 5 月	6.69	2.35	1.17	7.05

7.6.3　社会效益

项目通过排干入湖口水道疏浚和清淤工作，结合八排干、九排干人工湿地修复及构建工程和网格水道工程以及水生植物资源化利用和乌梁素海底泥修复实现改善排干入湖水体的水动力条件，缓解排干入湖口淤堵、排水不畅的现象，改善湖体富营养化，实现乌梁素海水质净化和改善水生态的目的，同时为乌梁素海流域带来显著社会效益。

（1）防洪减灾，维护北方地区生态安全

该工程水道疏浚包括八排干、九排干水道疏浚工程和西大滩水道疏浚工程，其中，西大滩水道疏浚工程有利于总排干水体入湖的畅通性，八排干、九排干水道疏浚工程疏通了排干至湿地间的输水道，有利于水质净化和入湖口水量缓冲调节，同时提高了八排干、九排干水入湖畅通性。其中，九排干沟排水量 2020 年较 2019 年增加了 486.6 万 m^3，八排干 2020 年排水量较 2019 年增加了 123.04 万 m^3，八排干、九排干和西大滩水道疏通工程使得排干入湖更加流畅，有效防止了因排水不畅导致的排干水倒灌现象，达到了防洪减灾的目的，保护了人民群众生命财产安全。

乌梁素海流域西侧湖区湿地修复及水道疏浚工程的建设，将为乌梁素海在我国西部生态安全和黄河中上游水质安全保障提供重要功能和作用，强化了八排干、九排干和总排干入湖畅通性，通过清淤和疏浚起到了削减内源污染物的作用，使中上游污染物得到控制。同时能维护北方地区生态安全，确保黄河内蒙古河段水质安全，是保障河套灌区良性运行的重要环节，有利于实现环境优化、经济发展。

（2）促进农业发展

西侧湖区湿地治理及水道疏浚工程与排干沟净化、农田退水水质提升工程相辅相成，前者充分解决了排干沟入湖口排水不畅的问题，后者解决了各排干、各沟道淤积、排水不畅造成的农田倒灌、雨涝灾害等问题。项目的实施可大大提高排干沟的排洪排涝功能，有效防止农田淹没、倒灌现象发生，防止两岸耕地出现阴渗返盐现象，促进农作物良好生长，提高土地生产率，巴彦淖尔市绿色优质小麦种植规模达 129.73 万亩，优质牧草上升到 10.32 万亩。

（3）提高居民生活质量

通过西侧湖区湿地治理和水道疏浚工程，疏通了排干入湖口，提高了农田退水进入乌梁素海的效率，避免入湖口淤堵造成的回流水出岸现象和农田倒灌现象，使耕地有效排盐治碱、改良土壤，极大地改善了作物生长环境，为实现增产增收提供了保障，从而促进群众脱贫致富奔小康。同时，项目的实施增加了当地少数民族地区农民劳务收入，维护了社会稳定。环境改善促进了旅游行业的发展，2020 年巴彦淖尔市接待游客 542.4 万人次，实现旅游收入 40.3 亿元。增加了第三产业的需求，多方位增加就业机会，增加了当地农民收入，促进了经济增长。

项目的实施改善了乌梁素海流域水生态环境，提升了群众幸福指数，区域的生态环境得到大幅改善，居民生活环境也得到改善。宜人的自然生态环境可以改善居民的活动空间，提高居民的生活品质，为人们提供独特的娱乐、美学、教育和科研价值。

（4）提高区域知名度

通过项目的实施，区域的生态环境得到改善，乌梁素海流域将以其完善的生态系统、丰富的物种、宜人的景观为巴彦淖尔市增添光彩，成为巴彦淖尔市对外介绍的一张亮丽名片，提升城市形象，提高地区知名度。

（5）促进湖泊修复技术发展

乌梁素海底泥处置试验示范工程采用"微生物强化+生态系统重建+长效管理"的技术工艺对示

范区内底泥进行修复，该技术通过原位投加微生物菌剂及原位强化微生物生长、种植沉水植被、放养底栖动物、鱼类等手段，完善示范区的生态系统，利用生物生长及生物之间的协同作用，达到逐步分解污染物的目的。该项目顺利实施，其成果可为我国各大湖泊原位生态修复提供借鉴，促进我国湖泊生态修复事业的发展。

7.6.4 经济效益

（1）间接经济效益

主要为环境质量改善收益。本项目通过水生植物资源化处理，去除 TN 130 t/a，去除 TP 20 t/a，项目产生的环境质量改善收益通过污水处理厂污染物处理成本计算，污水处理厂每去除 1 t N、1 t P 的成本分别为 1 500 元、2 500 元。经计算，环境质量改善收益为 24.5 万元/a，项目经营期 16 年，产生的环境质量改善收益为 392 万元。

（2）直接经济效益

1）芦苇加工销售收益。

本项目收割的芦苇用于生产环保刨花板、加工木耳、加工草颗粒和加工饲料，产生的经济效益如下：

a. 年生产环保刨花板 15 万 m³，消耗芦苇原料 15 万 t，产品年销售收益 38 250 万元，经营期 16 年，收益总计 612 000 万元（38 250 万元×16 年）。

b. 2020 年芦苇加工木耳收益 75 万元，2021 年芦苇加工木耳收益 314 万元；项目经营期 16 年，收益总计 4 785 万元。

c. 2020 年芦苇加工草颗粒收益 140 万元，2021 年芦苇加工草颗粒收益 183 万元，项目经营期 10 年，收益总计 1 787 万元。

d. 2020 年芦苇加工饲料收益 121 万元，2021 年芦苇加工饲料收益 536 万元，项目经营期 10 年，收益总计 4 945 万元。

2）水生生物经济效益。

乌梁素海底泥处置试验示范项目建设阶段，七作业示范区和小淮示范区分别投入草鱼 2 万 kg（每条平均 0.75 kg），白鲢鱼和花鲢鱼各 11 250 尾（每条平均 0.3 kg），螺蛳为 2 488 kg（每颗平均 2 g），河蚌为 2 188 只（5 cm/只）。投加鱼类、河蚌和螺蛳，使其在短期内可以成长为成熟个体并出售，按照乌梁素海当地情况，白鲢、花鲢和草鱼成熟个体约 2 kg，河蚌和螺蛳成熟个体分别约 1 kg 和 15 g，存活个体按照总投入的 80% 计算，因此，每个试验区可收获 1 750 kg 河蚌，14 928 kg 螺类，4.27 万 kg 草鱼，1.8 万 kg 花鲢鱼和 1.8 万 kg 白鲢鱼。按照当地市场价，草鱼 12 元/kg，白鲢和花鲢 14 元/kg，螺蛳和河蚌 12 元/kg 计算，每个示范区鱼类可售 7.87 万元，螺蛳和河蚌可售 1.67 万元，可产生 9.54 万元经济收益，两个示范区共可产生 19.08 万元/a 的经济收益。

7.7 生态环境物联网建设与管理支撑

7.7.1 项目产生的效益

基于调查、统计资料的收集，分析项目实施后产生的效益，主要包括：

（1）提升政府绿色发展能力

项目成果能有效提升地方政府的绿色发展能力。一是为地方政府摸清自然资源、生态环境的数据家底，形成支撑区域绿色发展的数字基础设施，支持动态开展自然资源资产负债表编制、生态文明建设与绿色发展评估评价考核，指导地方政府掌握总体绿色发展水平，为领导干部自然资源资产离任审计提供依据；二是有效评估区域生态环境承载能力，为开展"绿水青山就是金山银山"实践提供产业结构调整的精细化管理数据；三是可提高乌梁素海流域水污染防治攻坚战的能力，提高政府部门的办事效率，为推进生态文明建设、有效保护和永续利用资源生态环境提供了信息基础、监测预警和决策支持，同时为巴彦淖尔市智慧城市的建设打下基础。

（2）提升生态环境局的生态监管能力

项目成果能有效提升生态环境局的生态环境监管能力。一是发挥空间维度上地理信息数据平台在整合治理各部门历史业务数据方面的优势，形成"历史业务数据+空间地理数据"的时空数据管理中心，为贯彻落实中央《深化党和国家机构改革方案》，推动环保部门向生态环境部门转变，汇集整合分散在各部门的数据资源，构建山水林田湖草系统治理能力，提供系统性数据支撑；二是为打赢碧水防治攻坚战役，提供数字化的作战地图，综合分析水生态领域的生态环境质量数据与污染排放数据，为识别环境风险和污染防治重点、评估污染治理效果提供决策依据。

（3）提升区域的污染治理能力

项目成果能有效提升区域的污染治理能力。一是将宏观的生态环境监管要求，精准分解为微观的污染治理要求，从而将政府的绿色发展动力传导为绿色生产转型压力；二是将生态环境分散的业务监管点，整合集中成全生命周期环保监管业务线，帮助各部门一眼看到环保奋斗目标，动态分析达标水平和差距，从而提升各级主管单位主动开展污染治理的意识和能力；三是发挥用数据评估污染治理效果的客观性，通过环保信息数据公开，促进提供治理方案的环保公司优胜劣汰，推动环保产业良性发展。

（4）避免重复投资，提高治理效率

汇集加工形成的数字资产推动地方政府治理能力现代化，避免重复投资，降低政府治理成本，提高污染治理效率，降低履行环保责任的综合成本，产生经济效益。

（5）提升监管效率，科学、全面监测监管

通过对区域生态环境本底数据，包括基础地理、遥感、资源调查、生态环境、规划计划等生态数据，对其进行整合、监测、采集、提取、分析等处理，实现对各类生态数据的统一管理。

在生态保护修复项目完成后，可以实现跟踪监测评估、效益评价，通过运用遥感、大数据等技术手段进行比对核查，实现实时动态、可视化、可追踪的全程全面监测监管。

信息化平台通过开展动态监测、分析评估服务，在设计监测评估指标项时考虑评估考核和验收关注指标，有利于完整、真实、准确地记录和反映评估考核和工程验收进程。

通过生态状况呈现、分析、监测系统、项目管理评价系统和专家咨询服务支持系统的建设，能较好地提高国土空间生态修复工作的监管效率，降低生态修复监管工作人力成本的投入，降低管理成本。各类国土空间基础数据和生态监测数据，可以在自然资源系统内按权限共享，可以大幅降低实际的监管人员投入。

（6）提升决策水平和支撑能力

根据自然生态系统整体性、系统性、动态性及其内在规律，开展评估生态保护修复实施前后的阶段性监测评估和跟踪评估工作，建立景观、生态系统和场地三级监测评估指标体系。

建设完成了乌梁素海流域智慧生态环境管理系统，在山水林田湖草试点工程实施过程中持续开展动态监测、生态评估，结合专家服务对动态监测、生态评估结论进行综合研判和全过程咨询，使其具备适应性管理支撑能力。

　　建立适应新时期生态修复保护工作需要的基础数据体系，建立生态状况分析评价、生态修复规划管理、重大生态修复工程管理和决策咨询服务机制，形成合理顺畅的工作体系，为实现生态修复业务管理信息化、管理信息资源化、信息服务规范化的工作目标奠定了坚实基础，有助于全面提高国土生态保护修复工作科学决策的水平。

第8章 生态系统服务价值评估

乌梁素海流域山水林田湖草生态保护修复试点工程共包含七大类项目、35 个子项。七大类项目分别为沙漠综合治理工程、矿山地质环境综合整治工程、水土保持与植被修复工程、河湖连通与生物多样性保护工程、农业面源及城镇点源污染治理工程、乌梁素海湖体水环境保护与修复工程以及生态环境物联网建设与管理支持。本次生态系统服务价值评估综合考虑科学性、系统性、独立性、实用性、可比性和可操作性等原则，一方面参考国内外多数研究者认可的指标体系以及相应的规范、指南；另一方面根据乌梁素海流域生态系统的结构、功能以及区域特殊性增加反映其本质内涵的指标，对其中六大类项目生态系统服务价值进行评估，最后计算生态系统服务总值。

8.1 评估指标体系

根据乌梁素海流域山水林田湖草生态保护修复试点工程内容，构建供给服务、调节服务、支持服务和文化服务 4 个一级指标、17 个二级指标，对项目产生的生态系统服务价值进行评估，评估指标体系见表 8-1，指标体系的建立与计算参考《湿地生态系统服务评估规范》（LY/T 2899—2017）、《森林生态系统服务功能评估规范》（GB/T 38582—2020）以及国内外相关研究。

表 8-1 生态系统服务价值评估指标体系

一级指标	二级指标	评估范围	评估内容
供给服务	生物多样性	植物资源	提高植被覆盖度
	原材料供给	芦苇收割	芦苇价值
	产品供给	农牧产品、果品和林产品	参照项目实施后农林牧业增产、增收
	食物供给	草地修复	为农业牲畜提供食物
调节服务	涵养水源	调节水量	林地降雨蓄积
		净化水质	雨水净化
	固碳释氧	固碳	吸收 CO_2 效益
		释氧	释放 O_2 效益
	净化大气	吸收气体污染物	吸收 SO_2 效益
		滞纳降尘	阻滞降尘效益
	气候调节	温度调节	气候调节价值
	净化环境	地方环境	环境改善
	水文调节	地方水文水环境	水文条件改善
	防洪蓄水	蓄水	蓄水价值
	水质净化	污染物削减	水质净化价值
	防风固沙	固沙量	防风固沙价值
支持服务	保育土壤	固土	减少土壤侵蚀量
		保肥	减少营养物质流失
	栖息地	野生动植物	生物栖息地维持服务功能价值
	生物多样性	生物量、物种数	地方生物量及物种数稳定
文化服务	景观价值	美化环境	新增草地面积

8.2　供给服务

8.2.1　生物多样性

（1）森林系统生物多样性

该项目通过植树造林、种草等措施，为生物提供了良好的栖息地，有效地保护了生物多样性。根据《森林生态系统服务功能评估规范》（GB/T 38582—2020）计算生物多样性功能保护的价值，计算公式详见 7.1.2 节。

由于山水林田湖草沙生态修复治理试点工程完成后，树林生长期较短，故保守估计林地生物多样性指数小于 1。根据水土保持与植被修复和沙漠综合治理工程中的工程量统计可知，该项目共完成森林面积 10 022.35 hm²，保守估计苗木成活率为 75%，则生物多样性效益为 2 585.45 万元/a。

（2）草原系统生物多样性

乌梁素海水土保持及生态修复工程结束后，新增草地面积 4 733.12 hm²；工程实施后，可为野生动物提供一定的栖息环境，对维护生物多样性发挥积极作用；经计算，该项目生物多样性支持价值为 193.48 万元/a。

综上所述，项目供给服务效益中生物多样性效益为 2 778.93 万元/a。

8.2.2　原材料供给

（1）湿地系统原料供给效益

本项目共修复及构建人工湿地 1 559.88 hm²，约为 15.64 km²。根据 2017 年《乌梁素海湿地芦苇空间分部信息提取及地上生物量遥感估算》可知，乌梁素海流域湿地内芦苇面积约占湿地面积的 50%，乌梁素海湖区面积为 293 km²，全年芦苇总量为 7.92 万 t，因此，可以估算本项目构建及修复的人工湿地芦苇产量为 4 216.8 t，芦苇价格按照当地渔场收购价 412 元/t 进行计算，计算公式详见 7.3.4 节。

经计算，本项目修复及构建的人工湿地原材料供给服务价值为 173.73 万元/a。

（2）草原系统原料供给效益

项目实施后，新增林草为当地畜牧业提供了牲畜食物，并提供了宝贵的加工原料，经统计，水土保持与植被修复工程实施后，新增草地面积 4 733.12 hm²，原料生产效益 48.37 万元/a。

（3）水生植物资源化原料供给效益

水生植物资源化综合处理工程年均收割芦苇 6 万 t，工程工期为 5.5 年。本项目收割的年均 6 万 t 芦苇可供给各省区芦苇深加工产业，带动当地经济产业发展，同时为部分农民创收，因此本项目收割的芦苇，不仅可以改善当地环境质量，也可产生较大的经济效益，芦苇价格按照当地渔场收购价 412 元/t 进行计算，计算公式详见 7.3.2 节。

经计算，5.5 年内，水生植物资源化综合处理工程供给效益为 2 472 万元/a。

综上所述，项目供给服务中原材料供给价值为 2 694.1 万元/a。

8.2.3　产品供给

本项目通过对乌梁素海周边盐碱地治理以及农牧业污染减排措施的施行，盐碱地改良可获得水利灌溉增产效益 843.52 万元/a；通过农业投入品减排工程，可实现农产品增产 67 584.51 t/a，增收 23 059.69 万元/a；通过耕地质量提升工程的实施，可实现农作物增收 11 925.32 万元/a；通过农业废弃物回收与资源化利用项目的实施，可实现作物增收 37 625.8 万元/a，产品销售收益 14 850 万元/a。通过乌兰布和沙漠生态修复示范工程的实施，梭梭接种肉苁蓉预期收益为 16 800 万元/a；通过乌梁素海底泥处置实验示范工程对湖区中鱼类、螺类等生物的投加，可直接带来经济价值 19.08 万元/a。

综上所述，产品供给价值为 105 123.41 万元/a。

8.2.4　食物供给

草地生态系统为农牧业的发展提供了有力条件，草原可作为牲畜食物来源，产生的食物供给效益为 16.13 万元/a。

8.2.5　小结

本项目产生的生物多样性价值为 2 778.93 万元/a，原材料供给价值为 2 694.1 万元/a，产品供给价值为 105 123.41 万元/a，食物供给价值为 16.13 万元/a，供给服务总值为 110 612.57 万元/a。

8.3　调节服务

8.3.1　涵养水源

（1）草地系统

项目实施后，草地面积的提高有利于当地水源涵养，经计算，水土保持与植被修复工程实施后，水资源供给效益为 32.45 万元/a，矿山地质环境综合整治工程实施后，水资源供给效益为 58.71 万元/a，总计 91.16 万元/a。

（2）森林系统

项目实施后，有效提高了当地森林覆盖度，可根据森林区域的水量平衡来求森林涵养水源总量，森林拦蓄水源的总量是降水量与森林地带蒸散量及其他消耗量的差，计算公式详见 7.1.2 节。

乌拉特前旗年降水量为 200～250 mm，主要集中在 6—9 月，占全年降水量的 78.9%，流域年蒸发量为 1 900～2 300 mm；据调查，我国森林年蒸散量占全国总降水量的 30%～80%，全国平均蒸散量为 56%，因此，将湖滨带林区蒸散量定为年降水量的 60%，即林区拦蓄降水的 60% 用于自身生长和蒸腾，剩余 40% 为涵养水源量。取单位库容造价 5.714 元/m^3，项目造林工程涵养水源价值计算公式详见 7.1.2 节。

项目区年降水量 200 mm，山水林田湖草沙生态修复试点工程中，沙漠综合治理工程、水土保持与植被修复工程项目共构建森林面积 10 022.35 hm^2，经计算，项目造林工程带来的涵养水源总价值约为 3 680.39 万元/a。

综上所述，本项目产生的涵养水源总价值为 3 804 万元/a。

8.3.2　固碳释氧

（1）沙漠系统

荒漠生态系统固碳释氧功能价值包括固碳（土壤固碳和植被固碳）和释氧两个部分。植被固碳以荒漠生态系统有机质生产为基础，根据光合作用的反应方程式，推算植被每形成 1 g 干物质，需要吸收 1.63 g CO_2。

1）计算方法。

固碳释氧功能物质量和价值量计算公式详见 7.1.2 节。

2）计算结果。

查找文献资料可知，疏林地的 NPP 为 184.41 g/（$m^2 \cdot a$）；灌木林地的 NPP 为 268.14 g/（$m^2 \cdot a$）；戈壁的 NPP 为 46.77 g/（$m^2 \cdot a$）；土壤有机碳固存率为 0.47 mg/（$hm^2 \cdot a$）。所以对乌兰布和沙漠的净生产力取疏林地和灌木林的平均值 226.275 g/（$m^2 \cdot a$）。根据资料可知，国际碳汇价格为 370 元/t，工业制氧成本约为 400 元/t。

根据中国市政西北设计研究院有限公司对乌兰布和沙漠综合治理工程的设计，造林三年保存率应达到 75% 以上，造林成活率没有达到合格标准的造林地，应在造林季节及时补植，故保守估计乌兰布和沙漠综合治理工程造林成活率至少达到 75%，经计算，乌兰布和沙漠综合治理工程固碳的物质量为 6 575.19 t/a，释氧的物质量为 17 551.51 t/a。固碳的价值为 243.09 万元/a，释氧的价值为 702.06 万元/a，沙漠系统产生的固碳释氧价值为 945.15 万元/a。

（2）森林系统

水土保持与植被修复工程共计成林 2 138.72 hm^2，根据植物净生产力 NPP 与植物吸收 CO_2、释放 O_2 之间的关系，可以计算出水土保持项目实施后，林地固碳量为 1 753.12 t/a，释放氧气量为 4 732.82 t/a，取国际碳汇价格 369.7 元/t，工业制氧成本 400 元/t，水土保持与植被修复项目实施后，可带来固碳效益为 64.81 万元/a，释氧效益为 189.31 万元/a，水土保持项目森林固碳释氧效益共计 254.21 万元/a。

（3）湿地系统

1）固碳。

人工湿地年产芦苇量（干重）约为 4 140 t，已知通过光合作用，植物每生成 1 kg 干物质，即可固定 1.63 kg CO_2，取国际碳汇价格 369.7 元/t。计算公式详见 7.3.3 节。

经计算，人工湿地固碳效益为 69.3 万元/a，八排干、九排干、十排干湿地固碳量分别为 760.56 t/a、520.26 t/a、537.08 t/a，总计为 1 817.9 t/a。

2）释氧。

人工湿地年产芦苇量约为 4 216.8 t，已知通过光合作用，植物每生成 1 kg 干物质，即可释放 1.2 kg 的 O_2，氧气效益按照等效工业制氧成本进行计算，采用中华人民共和国卫生部网站的氧气价格，为 400 元/t。计算公式详见 7.3.3 节。

经计算，人工湿地工程氧气释放效益为 202 万元/a。

（4）矿山系统

矿山地质环境综合整治工程共种植草地 12.2 km^2，经计算，固碳量为 692.89 t/a，固碳价值为 45.72 万元/a。

综上所述，本项目沙漠系统产生的固碳释氧价值为 945.15 万元/a，森林固碳释氧价值为 254.21 万元/a，湿地固碳释氧价值为 271.3 万元/a，矿山固碳价值为 45.72 万元/a，固碳释氧价值总计 1 516.38 万元/a。

8.3.3 净化大气

（1）森林系统

1）吸收 SO_2。

根据《中国生物多样性国情研究报告》中的研究结果，阔叶林和针叶林平均吸收 SO_2 能力分别为 5.91 kg/（亩·a）、14.37 kg/（亩·a）；本工程取 5.91 kg/（亩·a），根据《排污费征收使用管理条例》的标准，SO_2 的排污费征收标准为 630 元/t，采用面积吸收法计算，可知项目实施后，建成林地 32 080.8 亩，可吸收 SO_2 的量为 189.68 t，经计算，本项目造林工程吸收 SO_2 价值为 11.94 万元/a。

2）阻滞降尘。

根据《中国生物多样性国情研究报告》中的研究结果，阔叶林和针叶林平均滞尘能力分别为 0.67 kg/（亩·a）和 2.21 kg/（亩·a）；根据 2010 年国家林业局相关研究的结果，森林阻滞降尘的人工成本为 150 元/t，采用面积计算法可知，项目实施后，建成林地 32 080.8 亩，年阻滞降尘量约为 21.5 t，经计算，项目阻滞降尘价值为 3 225 元/a。

（2）草原系统

水土保持与植被修复工程的实施有利于改善当地气候环境，经计算，水土保持与植被修复工程实施后，产生气体调节效益 177.36 万元/a。

综上所述，本项目造林工程产生的净化大气价值为 12.26 万元/a，草原工程产生的净化大气价值为 177.36 万元/a，净化大气价值共计 189.62 万元/a。

8.3.4 气候调节

水土保持与植被修复工程的实施有利于改善当地气候环境，经计算，水土保持与植被修复工程实施后，产生气候调节效益 161.23 万元/a。

8.3.5 净化环境

水土保持与植被修复工程的实施有利于改善当地气候环境，经计算，水土保持与植被修复工程实施后，产生净化环境效益 499.83 万元/a。

8.3.6 水文调节

水土保持与植被修复工程的实施有利于改善当地气候环境，经计算，水土保持与植被修复工程实施后，产生水文调节效益 338.59 万元/a。

8.3.7 防洪蓄水

（1）湿地修复及构建工程

1）计算方法。

根据《森林生态系统服务功能评估规范》（LY/T 1721—2008），采用水库蓄水成本 6.11 元/m³ 计算，计算公式详见 7.3.2 节。

2）计算结果。

本项目共修复及构建人工湿地 1 559.88 hm²，平均水深 1.2 m，湿地库容约 1 886.8 万 m³，经计算，人工湿地防洪蓄水价值为 11 500 万元/a。

（2）清淤疏浚工程

河道疏浚产生的防洪减灾效益采用等值替代法对其效益进行评估，即清淤后增加的水量相当于增加等容量水库所投资的金额。计算公式详见 7.4.3 节。

经计算，本项目清淤疏浚产生的防洪蓄水价值为 18 400 万元/a。

8.3.8　水质净化

（1）造林工程

林木的林冠层、草地和土壤层能过滤、截留水中的污染物，降低污染物浓度，在蓄水的同时也在一定程度上净化了水质，森林对水质的净化作用可以等同于人工污水处理厂对污水处理的过程，因而森林净化水质单位价格可用工业净化水质的成本费代替，以内蒙古上海庙镇污水处理成本 1.5元/t 为依据，本项目造林工程水质净化价值计算公式详见 7.3.3 节。

经计算，项目造林工程带来的水质净化价值为 256.69 万元/a。

（2）湿地工程

人工湿地水质净化价值计算公式详见 7.3.3 节。

经计算，人工湿地修复及构建工程年削减量 COD_{Cr} 为 1 490.11 t，N 为 64.71 t；污水处理厂每去除 1 t COD_{Cr}、1 t N 的成本分别为 3 000 元、1 500 元，水质净化价值为 456.74 万元/a。

（3）乌梁素海水生植物资源化综合处理工程

根据《乌梁素海流域山水林田湖草生态保护修复试点工程实施方案》可知，芦苇收割面积约1.20 万 hm^2，年收割芦苇 6 万 t，以水生植物中 N、P 平均含量计算，预计每年从污泥和水中移出 N、P 分别约为 130 t、20 t，项目共实施 3 年。

污水处理厂每去除 1 t N、1 t P 的成本分别为 1 500 元、2 500 元，水生植物资源化处理工程富营养化改善效益计算公式详见 7.3.3 节。

经计算，3 年内，水生植物资源化处理工程水质净化效益为 24.5 万/a。

综上所述，项目产生的水质净化价值为 737.93 万元/a。

8.3.9　防风固沙

（1）沙漠系统

在对荒漠生态系统防风固沙功能的评估中，防风功能的表现为减少土壤侵蚀。有植被和无植被区域之间的侵蚀量（输沙量）之差，就为该有植被区域的固沙量，所以利用固沙量这一指标来评估防风固沙功能的物质量和价值量。

1）计算方法。

荒漠生态系统防风固沙功能物质量和固沙价值量计算公式详见 7.1.2 节。

2）计算结果。

单位面积有林地的防风固沙能力最强为 22 695 t/km^2，灌木林为 22 605 t/km^2，低覆盖度草地的防风固沙能力最低，为 12 338 t/km^2。参考该数据，乌兰布和沙漠单位面积的防风固沙量取有林地和灌木林的平均值。沙尘清理费采用工业粉尘排污收费标准 150 元/t 进行估算。

根据中国市政西北设计研究院有限公司对乌兰布和沙漠综合治理工程的设计，造林三年保存率应达到 75%以上，造林成活率没有达到合格标准的造林地，应在造林季节及时补植，故保守估计乌兰布和沙漠综合治理工程造林成活率至少达到 75%，经计算，乌兰布和沙漠综合治工程防风固沙的物质量为 99.72 万 t/a，固沙价值为 14 960 万元/a。

（2）林地系统

计算公式详见 7.1.2 节，单位面积有林地的防风固沙能力最强为 22 695 t/km^2，灌木林为 22 605 t/km^2，低覆盖度草地的防风固沙能力为 12 338 t/km^2，沙尘清理费采用工业粉尘排污收费标准 150 元/t 进行估算，湖滨带生态拦污工程种植林地 890.28 hm², 乌拉特前旗乌拉山南北麓林业生态修复工程实施营造林植被生态修复 2.95 万亩，乌梁素海周边造林绿化工程种植面积 224.4 亩，经计算，固沙量分别为 20.12 万 t/a、44.46 万 t/a、0.34 万 t/a，固沙价值分别为 3 018 万元/a、6 669 万元/a、51 万元/a，总计 9 738 万元/a。

（3）草地系统

计算公式详见 7.1.2 节，单位面积有林地的防风固沙能力最强为 22 695 t/km²，灌木林为 22 605 t/km²，低覆盖度草地的防风固沙能力为 12 338 t/km²，沙尘清理费用采用工业粉尘排污收费标准 150 元/t 进行估算，乌梁素海东岸荒漠草原生态修复示范工程恢复及种植草地 6 万亩，经计算，固沙量为 49.35 万 t/a，固沙价值为 7 403 万元/a；湖滨带生态拦污工程恢复草地 733.12 hm²，固沙量为 9.05 万 t/a，固沙价值为 1 356 万元/a。矿山地质环境综合整治工程共种植草地面积 12.2 km²，经计算，项目固沙量为 15.05 万 t/a，固沙价值为 2 258 万元/a。草原固沙价值总计 11 000 万元/a。

综上所述，沙漠系统固沙价值为 14 960 万元/a，林地系统固沙价值总计 9 738 万元/a，草地系统固沙价值总计 11 000 万元/a，本项目防风固沙价值总计 35 698 万元/a。

8.3.10　小结

本项目产生的涵养水源价值为 3 804 万元/a，固碳释氧价值为 1 516.38 万元/a，净化大气价值为 189.62 万元/a，气候调节价值为 161.23 万元/a，净化环境价值为 499.83 万元/a，水文调节价值为 338.59 万元/a，防洪蓄水价值为 29 900 万元/a，水质净化价值为 737.93 万元/a，防风固沙价值为 35 698 万元/a，调节服务总值为 72 845.58 万元/a。

8.4　支持服务

8.4.1　保育土壤

（1）沙漠系统

土壤保育价值主要是荒漠化防治的固土价值。计算公式详见 7.1.2 节。

本节的土壤侵蚀模数参照中国科学院西北生态环境资源研究院对内蒙古阿拉善野外土壤侵蚀的调查结果确定。裸地的土壤侵蚀模数为 15 000 t/（km²·a），有林地的土壤侵蚀模数为 800 t/（km²·a）。经实验检测，土壤容重为 1.26 g/cm³，根据《中华人民共和国水利部水利建筑工程预算定额》可知，人工挖土方费用为 12.6 元/m³。

根据中国市政西北设计研究院有限公司对乌兰布和沙漠综合治理工程的设计，造林三年保存率应达到 75%以上，造林成活率没有达到合格标准的造林地，应在造林季节及时补植，故保守估计乌兰布和沙漠综合治理工程造林成活率至少达到 75%，经计算，防沙治沙示范工程固土效益价值为 910.6 万元/a。

（2）矿山系统

选择撒播草籽以起到固土、防尘、美化的作用，可满足乌拉山北麓铁矿区矿山地质环境灾害治理后的边坡及平台的生态修复、固土、防治水土流失、防治滑坡的目的。通过撒播草籽的规划和生态修复设计，经过长期人工和自然的修复，可以逐步改善矿坑小环境，以形成稳定的生态系统，恢复被破坏的大地景观和生态系统。

根据《中国生物多样性国情研究报告》，无林地土壤中等程度的侵蚀深度为 15～35 mm/a，侵蚀模数为 150～350 m³/（hm²·a），本节采用侵蚀模数的平均值 250 m³/（hm²·a）和 319.8 t/（hm²·a）来估算矿山无林地的土壤侵蚀量。草地土壤侵蚀模数参照张元等的研究结果，取 0.088 9 t/（hm²·a）。

1）草地年固土价值。

计算公式详见 7.2.2 节。

根据《中华人民共和国水利部水利建筑工程预算定额》可知，挖取和运输单位面积土方所需要的费用是 12.6 元，通过采样检测土壤容重为 1.17 t/m³，固土价值计算结果见表 8-2。

表 8-2　矿山地质环境综合整治工程各治理区域草地固土价值　　　　单位：万元/a

治理区域	草地固土价值
乌拉山北麓铁矿区	294.52
乌拉山南侧废弃砂石坑治理区	55.61
乌拉山小庙子沟、泥石流治理区	9.67
乌拉特前旗大佘太镇拴马桩—龙山一带废弃石灰石矿治理区	78.40
总计	438.20

2）草地年保肥价值。

计算公式详见 7.2.2 节，保肥价值计算结果见表 8-3。

表 8-3　矿山地质环境综合整治工程各治理区域草地保肥价值　　　　单位：万元/a

治理区域	草地保肥价值
乌拉山北麓铁矿区	2 273.45
乌拉山南侧废弃砂石坑治理区	481.34
乌拉山小庙子沟、泥石流治理区	83.85
乌拉特前旗大佘太镇拴马桩—龙山一带废弃石灰石矿治理区	679.60
总计	3 518.24

（3）森林系统

1）保育土壤。

①固土效益。

利用造林后（林、草）地面的侵蚀模数与造林前或无措施地块（耕地、荒坡）的侵蚀模数可求出项目实施后减少的土壤侵蚀量（表 8-4），计算公式详见 7.3.4 节。

表 8-4　乌梁素海周边水土流失情况

侵蚀分级	平均侵蚀模数/［t/（km²·a）］	面积/hm²	侵蚀年限/a	侵蚀量/t
轻度侵蚀	1 000	18 960	1	189 595.89
中度侵蚀	3 000	7 093	1	212 802.98
强度侵蚀	6 500	711	1	46 200.08
极强度侵蚀	10 000	893	1	89 345.85
剧烈侵蚀	15 000	891	1	133 590.60
合计		28 545		671 535.40

a. 乌拉特前旗乌拉山南北麓林业生态修复工程。

根据乌拉特前旗资料可知，乌梁素海周边年均侵蚀模数为 23.56 t/hm²，处于中度侵蚀状态，项目实施后，平均侵蚀模数由强度侵蚀变为轻度侵蚀，即 10 t/hm²，平均减少土壤侵蚀量 13.56 t/hm²，施工区域有效治理面积为 1 967 hm²。根据实际采样调查，该地区土壤平均容重约为 0.98 g/cm³，经计算，南北麓林业生态修复工程有效减少土壤侵蚀总量为 2.27 万 m³/a，固土价值为 34.33 万元/a。

b. 湖滨带生态拦污工程。

湖滨带生态拦污工程施工区域有效林地面积为 157.16 hm²，经计算，项目的实施有效减少土壤侵蚀总量为 2 367.88 m³/a，固土价值为 2.98 万元/a。

c. 乌梁素海周边造林绿化工程。

施工区域有效治理面积为 223.4 亩，约 14.89 hm²，经计算，村屯绿化造林工程有效减少土壤侵蚀总量为 169.67 m³/a。根据实际采样调查，该地区土壤平均容重约为 1.19 g/cm³，即 1.19 t/m³，结合平均土壤流失减少量 13.56 t/hm² 可知，经计算，固土价值为 0.22 万元/a。

通过上述计算分析，水土保持与植被修复工程实施后，林地固土价值为 37.53 万元/a。

②减少泥沙淤积。

乌梁素海年洪水量 5 000 万 m³，其中，携带的大量泥沙汇入河道及乌梁素海，造成泥沙淤积，严重影响河道及湖区水利条件，减少湖泊储水量，加速湖体沼泽化进程。造林工程施工后，可有效降低因洪水而汇入河道及湖区的泥沙含量，根据实际调查，湖区底泥容重为 1.38 g/cm³，即 1.38 t/m³；项目实施后，形成林地面积 2 139.05 hm²，有效减少土壤侵蚀总量 29 033 t，约为 20 990.58 m³ 湖区库容，单位库容造价 5.714 元/m³，经计算，南北麓林业生态修复工程实施后，减少泥沙淤积的价值为 11.99 万元。

2）土壤保肥。

根据现场土壤样品的实际采样检测，湖滨带生态拦污治理区土壤中，有机质、N、K、P 的质量浓度分别为 1.26 g/kg、0.42 g/kg、11.53 g/kg、1.36 g/kg；南北麓林业生态修复工程区土壤中，有机质、N、K、P 的质量浓度分别为 3.98 g/kg、0.32 g/kg、14.8 g/kg、0.79 g/kg；乌梁素海周边造林绿化区土壤中，有机质、N、K、P 的质量浓度分别为 5.12 g/kg、0.36 g/kg、16.14 g/kg、0.87 g/kg；土壤保肥价值计算公式详见 7.3.4 节。

根据乌拉特前旗资料可知，乌梁素海周边年均侵蚀模数为 23.56 t/hm²，处于中度侵蚀状态，项目实施后，平均侵蚀模数由强度侵蚀变为轻度侵蚀，即 10 t/hm²，平均减少土壤侵蚀量 13.56 t/hm²，湖滨带生态拦污项目实施后，新增森林面积 157.16 hm²，有效减少土壤侵蚀总量为 2 131.09 t，经计算，湖滨带生态拦污工程实施后，等效减少土壤肥力合约磷酸二铵肥 25.58 t，氯化钾肥 49.16 t，有机质肥 2.69 t，可有效减少肥力流失价值 17.04 万/a。乌梁素海周边造林绿化工程实施后新增森林面积 223.4 亩，约 14.89 hm²，有效减少土壤侵蚀总量为 201.91 t，经计算，可减少土壤肥力合约磷酸二铵肥 1.68 t，氯化钾肥 6.52 t，有机质肥 1.03 t，可有效减少肥力流失价值 1.87 万/a。南北麓林业生态修复工程实施后，新增林地面积 2.95 万亩，约 1 967 hm²，有效减少土壤侵蚀总量为 2.67 万 t，经计算，项目实施后等效减少土壤肥力合约磷酸二铵肥 200.71 t，氯化钾肥 790.32 t，有机质肥 106.27 t，项目可有效减少土壤肥力流失价值 225.44 万/a。水土保持与植被修复项目实施后总计可有效减少土壤肥力流失价值为 244.35 万元/a。

（4）草地系统

乌梁素海水土保持及生态修复工程结束后，新增草地面积 4 733.12 hm²，工程实施后，可有效减少乌梁素海流域荒漠、草原等区域土壤流失，维持土壤中的 N、P、K 等元素含量，有利于植被的生长和土地修复，经计算，该项目土壤保持价值为 209.61 万元/a；维持土地养分循环价值为 16.13 万元/a，共计 225.74 万元/a。

综上所述，本项目保育土壤价值为 5 386.65 万元/a。

8.4.2　栖息地

本项目新增人工湿地 1 559.88 hm^2，扩大了湿地面积，为野生动物提供了栖息地，人工湿地生物栖息地维持服务功能价值估算，采用美国经济生物学家 Costanza 等（1997）研究的湿地的避难所价值为 304 美元/hm^2（汇率取 6.45）。经计算，人工湿地支持服务价值为 305.63 万元/a。

8.4.3　小结

本项目产生的保育土壤价值为 5 386.65 万元/a，栖息地价值为 305.63 万元/a，支持服务总值为 5 537.37 万元/a。

8.5　文化服务

乌梁素海流域山水林田湖草沙试点工程实施后，共计新增草地面积 4 733.12 hm^2。草地面积的增加不仅为生态系统提供了支持、调节、服务效益，还向生态系统提供了以自然景观为主的文化服务效益，经计算，水土保持与植被修复工程共计带来的文化服务效益为 80.62 万元/a。

8.6　试点工程生态系统服务价值增量评估

乌梁素海流域山水林田湖草生态保护修复试点项目产生的生态系统服务总价值为 189 076.14 万元/a，其中，供给服务价值为 110 612.57 万元/a，调节服务价值为 72 845.58 万元/a，文化服务价值为 80.62 万/a，支持服务价值为 5 537.37 万元/a。

第9章 试点工程创新性做法

9.1 组织机制创新性

为确保各项重点工作落到实处,巴彦淖尔市委、市政府决定成立由市委书记任总指挥、市长任常务副总指挥的乌梁素海流域山水林田湖草生态保护修复试点工程实施指挥部,负责试点项目各项工作的组织领导、决策指挥、管理调度监督考核工作,全面统筹推进试点项目工程建设,研究解决项目建设中的重大问题,为试点工程的顺利实施提供根本保障。指挥部下设综合办公室、计划财务组、工程协调推进组和工程监督管理组。

巴彦淖尔市政府授权淖尔公司为试点工程项目的第一责任主体(试点工程项目的建设单位),代表市政府履行业主职责,负责项目的组织实施、建设推进和监督管理。

该项目实行市场化运作模式,淖尔公司根据市政府授权与中标投资人组建专项基金,专项基金与中标投资人成立 SPV 公司。SPV 公司是试点工程项目的实施主体单位,主要负责项目的投融资、建设、运行和移交等工作。同时,成立了试点工程专项工作组,负责试点工程的统筹、协调、调度、推进、检查、评估、督办、反馈、提要求等工作,保障试点工程高质量实施。

试点工程成立了试点工程联席会议办公室,负责联席会议的召开,汇总、分析各方数据以及相关工作的督办与反馈,与自治区联席办对接,保障试点工程的信息和工作情况准确、高效传输。

本项目通过公开招标的方式确定了上海同济工程咨询有限公司为项目开展全过程工程咨询工作。工程咨询管理是贯穿项目全过程的咨询管理服务链,是对项目决策、实施和运行各阶段进行策划、组织、控制、协调的集成化管理,具体包括以下几方面。

9.1.1 管理

(1)前期及策划咨询管理

项目决策策划的论证、项目决策策划的深化、项目配套管理与报审、项目实施策划。

(2)规划及设计咨询管理

设计前期工作、设计任务的委托、设计合同管理、设计阶段的造价控制、设计阶段的质量控制、设计阶段的进度控制、设计协调及信息管理、设计阶段的报批报建及配套管理、专业深化设计管理。

(3)施工前准备咨询管理

发包与采购管理、施工前各项计划管理、施工前准备阶段建设配套管理、施工前准备阶段政府建设手续办理、开工条件审查。

(4)施工过程咨询管理

施工过程的进度控制、施工过程的质量控制、施工过程的投资控制、施工过程的招采控制、施工过程的合同管理、施工过程的设计与技术管理、施工过程的安全文明管理、施工过程的组织与协调管理、施工过程的信息与文档管理。

（5）竣工验收及移交咨询管理

项目联合调试、项目竣工验收准备、项目竣工验收管理、项目竣工结算和审价、项目移交管理。

（6）保修及后评估咨询管理

项目保修管理、项目决算和审计、项目其他工作（零星改建工程）、项目咨询管理工作总结、项目后评估。

9.1.2　目标

采用全过程工程咨询服务，可以达到以下目标：

（1）节省资金，提升投资效益

全过程咨询服务只需进行单次招标，合同成本大大低于传统模式下对决策咨询、项目管理、招标代理、造价咨询、工程监理等服务多次发包的合同成本，实现"1+1＞2"的效益。由于全过程咨询单位服务覆盖全过程，整合了各阶段工作服务内容，实现了全过程投资控制，通过限额设计、优化设计和精细化管理等措施降低"三超"风险，节约了建设资金，提高了投资收益，确保了项目投资目标的实现，以乌兰布和沙漠综合治理工程为例，通过对设计方案中的滴灌管道、输水管线、桥梁位置、道路建设等内容进行优化，为项目节省投资 2 048 万元。

（2）加快工期，提高效率

由一家机构担任工程咨询总包，负责决策咨询（编制可行性研究、环境影响评价、节能评估等报告）、项目管理、招标代理、造价咨询、工程监理等服务内容，突破了传统模式冗长繁多的招标次数和时间限制，多专业协同消除了冗余工期，显著缩短了建设周期，切实保证了"三年工程，两年完成"的目标。同时，有效优化了项目组织管理，简化了合同关系，并克服了项目管理、招标代理、造价咨询、工程监理等相关单位责任分离、相互脱节的矛盾，提高了建设效率。

（3）提高品质

由一家专业机构在项目决策、实施、验收和运营的全生命周期，严格按照自然资源部、财政部、生态环境部批复的实施方案，遵照山水林田湖草生命共同体理念，系统性指导编制工程项目落地实施的可行性研究报告、设计方案，统筹 35 个项目的工程绩效、建设内容、建设标准，有效避免了项目各自为政、不成体系，将山水林田湖草工程治理的系统性、整体性和综合性治理理念贯彻始终。充分调动全过程咨询单位的主动性、积极性和创造性，促进新技术、新工艺、新方法的应用。

（4）减少风险

在五方主体责任制和住房和城乡建设部工程质量安全三年提升行动背景下，建设单位的责任风险加大，全过程咨询单位作为项目的主要负责方，承担起对项目建设全过程管理的责任，通过多环节强化管控减少甚至杜绝了安全事故，较大程度降低或规避了建设单位主体责任风险；同时有效避免了因众多管理关系伴生的廉洁风险，保护了干部队伍，有利于规范建筑市场秩序，减少违法违规的行为。

9.2　生态与产业并重

本项目在实施过程中兼顾生态环境治理与当地产业发展，在完成既定绩效目标的同时通过生态产业相互促进，发展乌梁素海周边旅游产业，增加当地劳动就业等方式，带动当地经济可持续发展，将"绿水青山"变成"金山银山"。

9.2.1　统筹生态治理与产业发展，实现生态产业化

在生态治理的同时，通过在乌兰布和沙漠梭梭树嫁接肉苁蓉以及在乌拉山南北麓种植山桃、山杏、酸枣等经济作物的方式，促进了当地产业发展，促进当地企业及农民增收致富，并通过项目区的示范带动作用，调动了农牧民种植积极性，有利于继续扩大种植面积，改善周边环境。

9.2.2　改善乌梁素海周边环境，促进当地旅游业发展

通过试点工程的实施，乌梁素海湖区及周边人工湿地自然景观得到整体提升，逐步恢复乌梁素海"塞外明珠"的历史风貌，从而带动旅游业的发展，使旅游成为当地经济新的增长点和支柱产业，2019 年巴彦淖尔市全年接待游客数增长 16.3%，旅游收入增长 15.3%。

9.2.3　增加劳动就业机会，助力当地脱贫致富

试点工程项目的实施带动了周边地区的经济发展，为当地带来了更多劳动就业的机会，有助于当地脱贫摘帽，项目区集中所在地乌拉特前旗抓住本次试点工程实施的契机，已实现贫困人口全部脱贫的目标。

9.3　资金筹措创新性

9.3.1　总体思路

按照国家提出的绩效考核目标和市委、市政府提出的"资源资本化、生态产业化、治理长效化"的治理目标，巴彦淖尔市在锁定政府支出责任（中央、自治区、市级财政奖补资金）的前提下，通过"项目收益+耕地占补平衡指标收益"的方式实现项目总体的资金自平衡，进而引入社会资本方，通过设立产业基金、组建项目公司，实现项目的市场化运作。

9.3.2　运作模式

（1）选择社会投资人

市政府授权淖尔公司作为招标人，参照"雄安模式"，对乌梁素海流域山水林田湖草生态保护修复试点工程项目的投资、建设、运营和基金管理进行一体化方式公开招标，确定具有相应投资能力、资质条件、建设运营能力、基金管理能力和对外融资能力的投资人，负责项目的投资、融资、建设、运营和基金管理。同时，淖尔公司参照《雄安新区工程建设项目招标投标管理办法（试行）》，对整个乌梁素海流域生态保护修复试点工程全过程咨询管理公司进行公开招标。

（2）设立产业基金

项目完成投资人招标后，由中标的基金管理公司发起，市属国有公司（淖尔公司）与中标投资人共同出资，设立产业发展专项基金。由市政府统筹市级资金以自有资本金的方式拨付淖尔公司解决。

9.4　一体化保护和修复模式

9.4.1　总体思路

为了统筹推进山水林田湖草系统修复，以构筑我国北疆万里绿色长城为目标，坚持"保护优先、

系统治理"的原则，按照"一中心、二重点、六要素、七工程"组织实施。"一中心"即以建设我国北方重要生态屏障为中心，"二重点"即聚焦于提升"北方防沙带"生态系统服务功能和保障黄河中下游水生态安全，"六要素"即围绕流域内沙漠、矿山、林草、农田、湿地、湖水等生态要素开展系统治理，"七工程"就是在前期治理的基础上，分时间、分步骤、分区域，用 3 年的时间，充分考虑资金年度投入强度、可行性及地方政府的实施能力，优先启动对国家生态安全格局产生重大影响的工程项目，安排实施"沙漠综合治理工程、矿山地质环境综合整治工程、水土保持与植被修复工程、河湖连通与生物多样性保护工程、农田面源及城镇点源污染治理工程、乌梁素海湖体水环境保护与修复工程、生态环境物联网建设与管理支撑"7 个方面保护与修复工程，推动乌梁素海流域生态环境持续改善，保障我国北方的生态安全。

9.4.2　试点工程治理分区规划

根据"尊重自然、差异治理"的主要原则，按照"因地制宜、重点突出"的规划方法，结合《内蒙古自治区"十三五"生态环境保护规划》《巴彦淖尔市环境保护"十三五"环境保护规划》《巴彦淖尔生态城市总体规划》《乌梁素海综合治理规划》等现有主要生态保护修复相关规划方案，将乌梁素海流域生态保护修复分为 6 个主要治理区域，形成"四区、一带、一网"的生态安全格局，具体包括：

（1）环乌梁素海生态保护带；
（2）河套灌区水系生态保护网；
（3）乌梁素海水生态修复与生物多样性保护区；
（4）阿拉奔草原水土保持与植被修复区；
（5）乌拉山水源涵养与地质环境综合治理区；
（6）乌兰布和沙漠综合治理区。

环乌梁素海生态保护带包括湖区周边的农田、城镇和村落等。针对生态保护带的面源、点源污染问题，通过环湖生态保护带的控污减排措施，展开对环湖带的农牧业、城镇和村落污染物整治工程，从源头治理，减少排干入湖污染物。

生态保护带的主要排干沟。针对入排干沟水质污染问题，开展排干沟治理、人工湿地、生态补水等一系列措施和工程，进一步提升排干沟水质，减少入湖污染物。

乌梁素海水生态修复与生物多样性保护区包括乌梁素海湖区。为了保护湖体的水生态修复和生物多样性，提升湖泊的降解和净化功能，改善湖体的水质和富营养化状态，改善整个湖区的水流条件、增加湖体库容和水量、减少湖体内源污染物，开展湖体内源治理工程。结合乌梁素海环湖生态保护带和河套灌区水系生态保护网，形成水质改善治理系统，进一步提升乌梁素海入黄河水质，保护黄河水生态安全。

阿拉奔草原水土保持与植被修复区包括阿拉奔草原和水土保持清水产流区。为了减少季风通道上流域的水土流失，通过开展阿拉奔草原及水土流失源头带、过程带、缓冲带的水土保持和植被恢复工程，减少入湖污染物和泥沙量，防风固沙。

乌拉山水源涵养与地质环境综合治理区主要指乌拉山的山体。通过开展乌拉山的地质环境、地质灾害整治和植被恢复措施工程，改善乌拉山受损山体的地质地貌环境，提高水源涵养功能，减少入湖污染物和泥沙量，改善湖体水环境，提升乌拉山的生态屏障服务功能。

乌兰布和沙漠综合治理区，主要指磴口的乌兰布和沙漠。通过开展乌兰布和林草植被恢复措施，防沙治沙，与乌拉山水源涵养与地质环境综合治理区、阿拉奔草原水土保持与植被修复区及其他治理区，系统提升"北方防沙带"功能。

9.5　创新市场化、多元化投入模式

9.5.1　组建项目公司

专项基金与项目中标人共同出资成立 SPV 公司，股权比例：专项基金 99.9%，项目中标人 0.1%，具体负责项目的设计、施工、融资和运营等工作。其中，项目公司作为贷款主体落实项目贷款 105 亿元，还款来源为耕地占补平衡项目指标交易收益。

（1）统筹实施，加速工程推进

将原本由各主管部门分散实施的子项目进行整合，统一交由项目公司统筹实施，整体策划、协同设计、统一调度，在贯彻实施方案中整体性、系统性、综合性理念的同时加快了工程推进速度。

（2）集中办理，提高报批效率

传统模式下建设工程相关手续报批由各主管部门分散办理，办理过程中存在各报批手续相互制约、各部门协调效率低下等问题。本项目按照"统筹规划、集中办理"的原则，在手续办理时由项目公司将建设过程中所需办理的各项手续汇总，厘清各项手续关系，集中报送，并通过与各主管部门积极协调沟通，争取同步办理，提高手续报批办理效率。

（3）发挥优势，完成项目融资

发挥企业在融资方面的优势，成立融资平台，积极争取银行贷款，缓解项目资金压力。

9.5.2　资金平衡方式

本项目采用"财政补贴+项目收益"的方式实现资金自平衡。财政补贴资金为中央和自治区的专项转移支付资金 30 亿元和市级统筹资金 16.78 亿元；项目收益为配套的耕地占补平衡项目指标交易收益和收益性项目的收益，其中，配套的耕地占补平衡项目指标交易收益根据资金缺口和指标交易价格，配套相应规模的耕地占补平衡项目。

9.6　采用工程总承包模式

为提升工程建设整体性、缩短建设周期、降低建设风险、加强工程管控，采取"EPC+O"（工程总承包+运营）的模式，引入两家综合实力强、工程经验丰富的国有企业负责试点工程的建设与运营。

9.6.1　设计施工深度融合，提升工程建设整体性

由一家 EPC（工程总承包）单位承担建设期间的项目实施任务，设计、采购、施工各环节深度融合，有利于整个项目的统筹规划和协同运作，有效解决设计与施工的衔接问题、减少采购与施工的中间环节，克服设计、采购、施工相互制约和脱节的矛盾，提升工程建设整体性。

9.6.2　有效缩短建设周期，提高工程建设效率

相较于传统模式先进行设计招标，待设计完成后再进行施工招标的做法，采用 EPC 模式仅需进行单次招标，大幅减少了招标次数，缩短了招标所用时间。同时，设计、采购、施工协调推进，避免了因各单位衔接不畅、协调环节众多而造成的工期浪费，大幅缩短了建设周期。

9.6.3　明确建设责任主体，降低建设单位风险

由 EPC 单位负责整个项目的实施过程，工作范围界限清晰，工程质量责任明确，建设期间的责任和风险可以最大限度地转移到 EPC 单位，大幅降低了建设单位与地方政府的风险。

9.6.4　提高工程建设质量，减轻建设单位管理压力

EPC 模式下合同总价和工期相对固定，项目的投资和工程建设期相对明确，有利于费用和进度控制。同时建设单位只需直接管理 EPC 单位，有利于简化工程合同结构、提高建设单位管理效率、降低管理成本。

9.6.5　前瞻性考虑后期管护，维护生态治理成果

试点工程在实施之初已前瞻性考虑到后期的管护问题，将项目实施期确定为建设期 3 年、运营期 3 年，项目竣工验收后，实施单位要严格按照生态保护目标和标准，明确管护责任和义务，对基础设施和治理项目进行跟踪维护和管护，保护生态治理成果的健康、稳定和完整，确保工程发挥长期生态效益、经济效益和社会效益。

9.7　构建运行机制，实现项目高效运转

9.7.1　建立了三级会议推进体系

指挥部工作组定期举行项目协调推进会，协调解决项目遇到的重大问题，为项目的顺利实施提供根本保障；漳尔公司、SPV 公司、全过程咨询公司定期举行参建单位主要负责人参加的项目协调推进会，统筹各参建方，发挥合力，确保项目高效推进；定期举行参建单位主要负责人参加的工程监理例会，及时发现并解决项目实施过程中存在的问题。

9.7.2　建立了日汇总、周调度、月通报的管理模式

以日统计的形式汇总每日项目建设情况，便于各方及时了解工程进度；每周通过召开调度会议，对施工资源进行统筹调度，加快项目推进；每月通报项目实施的整体情况，总体把控工程进展，为项目决策提供依据。

9.8　聘请专业机构，强化监督管理

对试点工程实施中的重要事项进行自我监督，一是聘请律师事务所对项目合法性进行把控；二是聘请中国环境科学研究院对项目实施全过程进行绩效评价；三是聘请会计师事务所监督项目财务运行；四是在项目竣工决算时聘请造价咨询单位进行审核把关。

9.9　明确技术规范和标准

通过编制书籍、手册，将项目实施过程中的组织、管理、技术经验等进行理论总结，指导工程推进。

（1）编写了《试点工程"六个好"目标行动方案》，为试点工程打造"样板"工程明确了标准和要求。

（2）编写了《人与自然的和解——生态保护工程技术指南》书籍，对试点工程山、水、林、田、湖、草、沙等各个方面的技术进行了全方位的汇总和分析，指导工程项目实施。

（3）编写了《试点工程常用法规、规范文件汇编》，为工程的规范实施提供了法律、政策依据。

（4）编写了《试点工程项目管理手册》，确保了项目有序推进、程序规范、进度可控。

第 10 章　公众满意度调查

　　2021 年 11 月 9—12 日、2021 年 11 月 15—16 日，SPV 公司、上海同济咨询有限公司和中国环境科学研究院相关工作人员前往巴彦淖尔市乌拉特前旗、磴口县和临河区对乌梁素海流域山水林田湖草生态保护修复试点工程开展公众满意度调查工作，现场调查情况如图 10-1～图 10-6 所示。

10.1　沙漠综合治理工程

图 10-1　沙漠综合治理工程满意度调查照片（磴口县巴彦高勒镇）

10.2 矿山地质环境综合整治工程

图 10-2 矿山地质环境综合整治工程满意度调查照片（乌拉特前旗白彦花镇）

10.3 水土保持与植被修复工程

（a）乌拉特前旗新安镇红圪卜村

（b）乌拉特前旗新安镇乌海村

图 10-3 水土保持与植被修复工程满意度调查照片

10.4 河湖连通与生物多样性保护工程

图 10-4 河湖连通与生物多样性保护工程满意度调查照片（乌拉特前旗新安镇东方红村）

10.5 农业面源及城镇点源污染治理工程

（a）乌拉特前旗白彦花镇　　　　　　　　　（b）乌梁素海坝头

（c）乌拉特前旗新安镇前进村　　　　　　　（d）乌拉特前旗新安镇庆华村

图 10-5 农业面源及城镇点源污染治理工程满意度调查照片

10.6　生态环境物联网建设与管理支撑

图 10-6　生态环境物联网建设与管理支撑工程满意度调查照片（临河区）

本次公众满意度调查共收集 165 张调查问卷，对项目持满意态度人数为 152 人次，满意度比例为 92.12%。

第 11 章 绩效目标完成情况

乌梁素海流域山水林田湖草生态保护修复试点工程坚持"山水林田湖草是一个生命共同体"和"绿水青山就是金山银山"理念,统筹推进工程综合治理,强化"北方防沙带"生态功能,实现流域经济社会的可持续发展,形成流域生态良性循环,人与自然和谐相处的生产生活环境,全流域综合治理效果大于单个工程产生的效果总量。

11.1 评价指标

11.1.1 环乌梁素海生态保护带

范围包括湖区周边的农田、城镇和村落等。针对生态保护带的面源、点源污染问题,通过环湖生态保护带的控污减排措施,展开对环湖带的农牧业、城镇和村落污染物整治工程。

推广高效复合肥、缓控释尿素、掺混肥、微生物菌肥 57 631.15 t(2019 年 27 648.03 t、2020 年 29 983.12 t),施用面积 137.95 万亩,减少 N、P 流失 2 295.52 t/a;在乌梁素海周边 9 个乡镇(农牧场)的 104 个建设主体配套建设"固体畜禽粪便+污水肥料化利用"设施设备和 1 家年产 5 万 t 的有机肥生产厂家,COD、BOD、NH_3-N、TP、TN 减排量分别为 12 443.9 t/a、11 050.84 t/a、1 498.16 t/a、1 469.71 t/a、5 268.44 t/a;乌拉山镇污水处理厂污染物减排量:SS 为 5 234.1 t/a,COD 为 905.2 t/a,BOD_5 为 194.9 t/a,TP 为 69 t/a,NH_3-N 为 505.2 t/a,TN 为 607.4 t/a,石油类为 9.2 t/a,动植物油为 14.6 t/a,阴离子表面活性剂为 10.3 t/a;坝头污水处理厂污染物削减量:COD 为 39.3 t/a,BOD_5 为 9.01 t/a,SS 为 11.13 t/a,NH_3-N 为 0.97 t/a,TP 为 0.08 t/a,TN 为 2.09 t/a。"厕所革命"工程减少氮排放量约 1 186.21 t/a,减少磷排放量约 154.39 t/a;生活垃圾收集和转运站点建设工程减少垃圾渗滤液产生量 50.88~61.05 m^3/d,COD 减排量 13.52~16.21 t/a,NH_3-N 减排量 0.68~0.81 t/a,TP 减排量 0.024~0.028 t/a。村镇一体化污水处理工程对 COD_{Cr}、NH_3-N、TP、TN 削减量分别为 389.27 t/a、38.93 t/a、5.62 t/a、38.93 t/a。

通过以上工程,从源头治理,减少入排干污染物。

11.1.2 河套灌区水系生态保护网

针对入排干沟水质污染问题,开展排干沟治理、人工湿地、生态补水等一系列措施和工程,进一步提升排干沟水质,减少入湖污染物。

八排干和九排干对 COD_{Cr}、TN 的削减量分别为 1 326.98 t/a、5 t/a,污染物削减率分别为 32.95%、24.08%;十排干对 COD_{Cr}、TP、TN 的削减率分别为 13.97%、94%、22.15%;乌梁素海流域排干沟净化与农田退水水质提升工程的实施,改善了沟通的流通性,解决了排干沟淤积严重、水体不流动的问题;海堤工程实施后,提高了海岸抗冲刷能力,有效遏制了海岸侵蚀现象,每年生态补水 6.11 亿 m^3,增加蓄水量 0.8 亿 m^3。

11.1.3　乌梁素海水生态修复与生物多样性保护区

为了保护湖体的水生态修复和生物多样性，提升湖泊的降解和净化功能，改善湖体的水质和富营养化状态，改善整个湖区的水流条件，增加湖体库容和水量，减少湖体内源污染物。

乌梁素海湖区湿地治理及湖区水道疏浚工程中，东、西侧湖区清淤量共计 506.73 万 m^3，共去除 TN 10 216.1 t，TP 3 711.46 t，通过收割芦苇资源化，预计每年去除 TN、TP 分别约为 130 t、20 t，项目实施 3 年共计去除 TN、TP 分别为 390 t、60 t；底泥原位生态修复项目去除 TP、有机质分别为 41.58 t、9 542.42 t。

11.1.4　阿拉奔草原水土保持与植被修复区

为了减少季风通道上流域的水土流失，通过开展阿拉奔草原及水土流失源头带、过程带、缓冲带的水土保持和植被恢复工程，减少入湖污染物和泥沙量。

试点工程新增水土流失治理面积 1.18 万亩，新增乌拉山林业生态修复面积 2.95 万亩，新增乌梁素海周边草原生态修复面积 6 万亩，湖滨带生态拦污工程草原地面覆盖度由原来的 36.8%提高到 62.1%，乌梁素海东岸荒漠草原生态修复示范工程林草覆盖度从 9.32%上升至 18.37%，乌拉特前旗乌拉山南北麓林业生态修复工程草原地面覆盖度由原来的 7.3%提高到 10.07%，乌梁素海周边造林绿化工程新增绿化总面积 223.4 亩，减少土壤侵蚀总量 29 033 t，固沙量 123.32 万 t/a，涵养水源 470.32 万 m^3/a，阻滞降尘 21.5 t/a。

11.1.5　乌拉山水源涵养与地质环境综合治理区

通过开展乌拉山的地质环境、地质灾害整治和植被恢复措施工程，改善乌拉山受损山体的地质地貌环境，提高水源涵养功能，减少入湖污染物和泥沙量，改善湖体水环境。

乌拉山共治理无责任主体露天采坑 1 004 个，治理无责任主体废渣堆 1 483 个，治理无责任主体废弃工业广场 123 个，乌拉山地质灾害区域治理面积达 10.17 km^2。乌拉山地质灾害区域治理率为 47%，植被恢复面积共计 12.2 km^2。

11.1.6　乌兰布和沙漠综合治理区

通过开展乌兰布和林草植被恢复措施，防沙治沙，与乌拉山水源涵养与地质环境综合治理区、阿拉奔草原水土保持与植被修复区及其他治理区系统提升"北方防沙带"功能。

新增沙漠治理面积 4 万亩，严重沙漠化占比≤21.8%，固沙量为 99.72 万 t/a。

通过山水林田湖草生态修复工程建设，乌梁素海流域沙漠化进程得到有效控制，受损山体得到全面修复，水土流失状况得到有效缓解，流域水环境质量持续提升、湖体和湿地的生态环境大幅改善，生态环境得到切实有效的保护，持续增强整个流域山水林田湖草沙生命共同体的稳定性，提高生态系统服务功能，筑牢我国北方的生态安全屏障。在此基础上充分发挥试点工程带头作用，带动项目区周边经济发展和社会发展，推动科技进步，创造直接或间接经济价值，促进农、林、牧、渔业的发展，提高旅游业创收，加快地方脱贫步伐，维护社会稳定。

表 11-1　综合成效评价指标体系

一级指标	二级指标	三级指标
生态效益	生态环境质量	源头削减，过程减排，内源降低；沟道流通性增强；乌梁素海湖心 COD 浓度≤36.86 mg/L，NH_3-N 浓度≤0.2 mg/L，TP 浓度≤0.049 mg/L，TN 浓度≤1.57 mg/L
		耕地质量提升，土壤肥力增强，盐碱地改良
		阻滞降尘、固碳释氧能力提升
	生物多样性	植被覆盖度提升
		物种多样性提升
	区域稳定性	涵养水源能力提升
		防洪、护坡能力提升
		严重沙漠化占比≤21.8%
		防风固沙能力提升
		减轻地质灾害，固土能力增强
		水资源供给、节约能力提升
	生态服务价值	支持服务、调节服务、文化服务及供给服务
经济效益	直接效益	提高项目区农民、种养殖户收入
	间接效益	撬动社会资本
		带动旅游业
		水产养殖增产增收
社会效益	加快贫困人口脱贫步伐	促进区域高质量发展，带动就业
	开展"四控行动"	开展控肥、控药、控水、控膜"四控行动"
	社会认知度	加大试点工程社会宣传
		充分总结生态保护修复工程试点的经验做法与成效，将总结的整体性、系统性生态修复的经验做法推广应用到其他生态修复项目
	防洪减灾	减少洪涝灾害对居民生命财产安全造成的威胁
	生态环境管理能力	建立健全数据采集体系、传输体系、大数据平台以及智慧生态环境管理
	景观效益	治理区景观效果提升

11.2　生态效益

11.2.1　生态环境质量

（1）水环境质量提升

1）源头削减。

①面源污染量削减。面源污染减排主要通过农业面源减排项目和农村面源减排项目，来达到源头污染物减排的目的。具体减排量如表 11-2 所示。

表 11-2 面源污染量削减

序号	项目名称	污染物减排量/（t/a）
		1. 农业面源减排
1.1	减氮控磷项目	减少 N、P 排放 1 477.4
1.2	智能配肥站项目	减少 N、P 排放 781.60
1.3	调整种植业结构项目	减少 N、P 排放 11.42
1.4	增施有机肥项目	减少 N、P 排放 25.1
	总计	减少 N、P 排放 2 295.52
		2. 农村面源减排
2.1	"厕所革命"工程	减少 N 排放量约 1 186.21，减少 P 排放量约 154.39
2.2	生活垃圾收集和转运点建设工程	减少垃圾渗滤液产生量 50.88～61.05 m^3/d，COD 减排量 13.52～16.21，NH_3-N 减排量 0.68～0.81，TP 减排量 0.024～0.028
2.3	乌梁素海生态产业园综合服务区（坝头地区）污水工程	污染物削减量：COD 为 39.33，BOD_5 为 9.01，SS 为 11.13，NH_3-N 为 0.97，TP 为 0.08，TN 为 2.09
2.4	村镇一体化污水工程	COD_{Cr}、NH_3-N、TP、TN 削减量分别为 389.27、38.93、5.62、38.93

由表 11-2 可知，通过试点工程的实施，农业面源共计减少 N、P 排放 2 295.52 t/a。

②点源污染量削减。点源污染物减排主要通过农业废弃物回收与资源化利用工程、乌拉特前旗污水处理厂工程，达到点源污染物源头减排的目的，具体计算结果如表 11-3 所示。

表 11-3 点源污染量削减

序号	项目名称	污染物减排量/（t/a）
1	农业废弃物回收与资源化	COD、BOD、NH_3-N、TP、TN 减排量分别为 12 443.9、11 050.84、1 498.16、1 469.71、5 268.44
2	乌拉特前旗乌拉山镇污水处理厂	COD、BOD、NH_3-N、TP、TN 减排量分别为 905.2、194.9、505.2、69、607.4
	总计	COD、BOD、NH_3-N、TP、TN 减排量分别为 13 349.1、11 245.74、2 003.36、1 538.71、5 875.84

2）过程减排。

污染物过程减排主要通过湿地的构建及修复工程，达到污染物减排的目的。

八排干、九排干、十排干构建及修复湿地面积共计 1 512.7 hm^2，湖滨带生态拦污工程构建人工湿地 47.18 hm^2。通过现场采样及检测，八排干、九排干、十排干湿地对 COD_{Cr} 和 TN 的削减量分别为 1 490.11 t/a 和 64.71 t/a。

3）内源降低。

内源降低主要通过东、西湖湿地治理及水道疏浚工程对底泥进行清淤、水生植物资源化工程收割芦苇达到去除 N、P 的目的，以及通过底泥处置实验示范工程，实现乌梁素海湖体内源污染降低的目的。具体削减量如表 11-4 所示。

表 11-4　内源污染量削减

序号	项目名称	污染物减排量
1	东、西湖区湿地治理及水道疏浚工程	东、西侧湖区清淤量共计 506.73 万 m³，共去除 TN 约 10 216.1 t，TP 约 3 711.46 t
2	水生植物资源化工程	TN 去除率量为 130 t/a，TP 去除量为 20 t/a，项目实施 3 年
3	底泥处置实验示范工程	TP 和有机质的去除量分别为 41.48 t/a 和 9 542.42 t/a

4）沟道流通性增强。

试点工程通过对总排干等沟道、斗农毛沟、骨干排沟、东西湖湿地水道疏浚及刁人沟河道治理等工程，解决入湖河道堵塞问题，改善水动力条件，提升水循环，具体工程量如表 11-5 所示。

表 11-5　河道流通性

序号	项目名称	沟道流通性
1	东、西湖区湿地治理及水道疏浚工程	东、西侧湖区清淤量共计 506.73 万 m³
2	乌梁素海流域排干沟净化与农田退水水质提升工程	总排干等沟道 368.915 km，斗农毛沟 590.899 km，骨干排沟 951.264 km，沟道流量和流速达到设计要求
3	乌拉山南侧废弃砂坑矿山地质环境治理工程	刁人沟 G 6 高速大桥至包兰铁路桥上游约 250 m 段河道进行疏浚 1.535 km，相应洪峰流量达到 386 m³/s

乌梁素海流域排干沟净化与农田退水水质提升工程的实施，改善了沟道的流通性，解决了排干沟淤积严重、水体不流动的问题；海堤工程实施后，提高了海岸抗冲刷能力，有效遏制了海岸侵蚀现象，其中，一排干沟较 2019 年同期排水量多排 54.64 万 m³；九排干沟 2019 年夏灌较 2018 年排水量同期增加 373.8 万 m³，2020 年较 2019 年排水量同期增加 44.1 万 m³。每年生态补水 6.11 亿 m³，增加蓄水量 0.8 亿 m³。

5）湖体浓度达标。

从乌梁素海国考断面水质监测结果来看，平均水质总体稳定在 V 类，局部优于 V 类，湖心 COD 年均浓度 18 mg/L，NH_3-N 年均浓度 0.18 mg/L，TP 年均浓度 0.02 mg/L，TN 年均浓度 0.74 mg/L。整体上由 2017 年的劣 V 类水质提高到 IV 类水质，水体中 COD_{Mn}、BOD、COD、TN、NH_3-N、TP 削减效果良好，与工程实施前相比，去除率为 1.26%～64.48%，平均去除率为 39.09%。湖区水体中硫酸盐和氯化物去除率分别为 45.71% 和 32.81%，湖区出口硫酸盐和氯化物去除率分别为 64.81% 和 65.17%。

各排干近三年水质指标情况逐渐好转，一排干～三排干在 2020 年可达到地表水 III 类水质标准；八排干、总排干可达到地表水 IV 类水质标准，七排干、九排干可达到地表水 V 类水质标准。

（2）耕地质量提升，土壤肥力增强，盐碱地改良

1）耕地质量提升。

通过推广高效复合肥、缓控释尿素、掺混肥、微生物菌肥 57 631.15 t（2019 年 27 648.03 t、2020 年 29 983.12 t），施用面积 137.95 万亩，减少 N、P 流失 2 295.52 t/a；2020 年巴彦淖尔市农药利用率达 40.1%，比 2019 年提高了 2 个百分点；2020 年巴彦淖尔市氮肥利用率为 39.33%，磷肥利用率为

23.89%，钾肥利用率为 56.82%，化肥利用率为 40.01%，减少化肥使用量总计 6 597.5 t；2019 年农药包装废弃物回收量为 383 t，2020 年回收量为 301.7 t，乌拉特前旗残膜当季回收率达 85%，覆膜面积由 2019 年的 817.78 万亩减少到 805.81 万亩，避免了残留的农药、兽药和重金属等污染物进入土壤对土壤环境造成破坏。

2）土壤肥力增强。

通过在河套灌区全面实施"四控行动"和推广施用有机肥，增加了土壤有机质含量，有机质平均含量由项目实施前的 13.92 g/kg 提升到 14.07 g/kg，进行深松之后的土壤蓄水能力每亩可以增加 15 m³ 左右，增加蓄水能力 570 万 m³，土壤疏松程度在 30 cm 左右，改善了土壤团粒结构，提高了土壤微生物生物活性，调整了土壤酸碱度，pH 平均值由 8.4 下降到 8.28，降低了 0.12；水土保持与植被修复工程实施后，等效减少土壤肥力流失合约磷酸二氨肥 679.47 t/a，氯化钾肥 846 t/a，有机质肥 109.99 t/a。

3）盐碱地改良。

通过乌拉特前旗大仙庙海子周边盐碱地治理及湿地恢复工程的实施，土壤盐碱化得到明显改善。全盐量和碱化度明显降低，重度盐碱地全盐量和碱化度平均削减率分别为 71.84% 和 57.28%，中度盐碱地全盐量和碱化度平均削减率分别为 51.39% 和 89.73%，轻度盐碱地全盐量和碱化度平均削减率分别为 −17.65% 和 12.97%。同时，阳离子交换量的增大和交换性钠的降低改善了土壤保肥能力、孔隙结构和渗透性。

（3）阻滞降尘

巴彦淖尔市秸秆综合利用率达 87.81%，降低了 $PM_{2.5}$、PM_{10} 等颗粒物的浓度，减少了重污染天气的天数，改善了空气质量，此外，可降低 CO_2、SO_2 排放量，减少温室效应。水土保持与植被修复工程可吸收 SO_2 189.68 t/a，阻滞降尘 21.5 t/a。

（4）固碳释氧能力提升

通过种植及修复植被，提高巴彦淖尔市固碳释氧能力，固碳量计算结果如表 11-6 所示。

表 11-6　固碳释氧　　　　　　　　　　　　单位：t/a

序号	项目名称	固碳量
1	沙漠综合治理工程	6 575.19
2	矿山地质环境综合整治工程	692.89
3	水土保持与植被修复工程	1 753.12
4	河湖连通与生物多样性保护工程	1 817.9
	合计	10 839.1

由表 11-6 可知，试点工程实施后，每年固碳量合计为 10 839.1 t/a。

11.2.2　生物多样性

（1）植被覆盖度提升

沙漠综合治理工程新增沙漠治理面积 4 万亩，种植梭梭及肉苁蓉；矿山地质环境综合整治工程新增植被面积 12.2 km²；湖滨带生态拦污工程新增林草总面积 890.28 hm²，草原地面覆盖度由 36.8% 提高到 62.1%；乌梁素海东岸荒漠草原生态修复示范工程新增林草总面积 6.05 万亩，林草覆盖度从 9.32% 上升至 18.37%；乌拉特前旗乌拉山南北麓林业生态修复工程新增林草总面积 2.95 万亩，草原地面覆盖度由 7.3% 提高到 10.07%；乌梁素海周边造林绿化工程新增绿化总面积 223.4 亩；大仙庙海子盐碱地改良工程种植红柳面积 30.5 亩。总计新增植被覆盖面积 67.91 km²。

（2）物种多样性提升

浮游植物：2019 年乌梁素海春季浮游植物 102 种，2021 年春季（4 月）乌梁素海共检出浮游植物 120 种，浮游植物种类明显增多。

水生植物：2018 年芦苇面积为 178.28 km^2，2021 年挺水植被（芦苇）面积为 174.55 km^2，沉水植被面积为 72.04 km^2。

浮游动物：2019 年鉴定浮游动物 62 种，2021 年鉴定浮游动物 64 种，2020 年乌梁素海浮游动物物种数略高于 2019 年。

鱼类：2019 年的鱼类种类有 17 种，2021 年 4 月在乌梁素海湖区记录到鱼类 21 种，相较于 2019 年的调查结果，鱼类种类明显丰富，生物多样性明显提高。

鸟类：2016 年乌梁素海湿地水禽自治区级自然保护区内累计调查到鸟类数量 254 种，2020 年累计调查到鸟类数量 258 种，鸟类种类数增多。部分鸟类数量明显增加，例如，灰雁数量由原来的不到 10 只增加到 648 只，白骨顶数量增加了 20 万只左右，鸟类生物多样性及物种稳定性得到了明显提高。

11.2.3　区域稳定性提升

试点工程的实施增强了区域的稳定性，主要体现在涵养水源、防洪护坡、严重沙漠化占比、防风固沙、减少土壤侵蚀量、水资源节约能力提升等方面。

（1）水源涵养能力提升

通过植被覆盖度的提高，增加水源涵养能力，具体涵养水源量如表 11-7 所示。

表 11-7　水源涵养量　　　　　　　　　　　　　　　　　　　　单位：万 m^3/a

序号	项目名称	水源涵养量
1	沙漠综合治理工程	630.64
2	矿山地质环境综合整治工程	89.94
3	水土保持与植被修复工程	470.32
	合计	1 190.9

综上所述，试点工程实施后，水源涵养量共计 1 190.9 万 m^3/a。

（2）防洪、护坡能力提升

生态补水量 6.11 亿 m^3/a、增加蓄水量 0.67 亿 m^3、新增海堤防护长度 114.571 km，增加乌梁素海流域黄河凌汛期的蓄洪、分洪和调洪能力，有效降低洪峰，每年可承泄分洪水量 2 亿 m^3 以上，有效减轻黄河中下游防洪防汛压力；一排干沟同期对比 2019 年 5 月排水量多排 54.64 万 m^3；九排干沟 2019 年夏灌较 2018 年排水量同期增加 373.8 万 m^3，2020 年较 2019 年排水量同期增加 44.1 万 m^3，2019 年新安分干沟全年排水量比 2018 年增加了 110 多万 m^3，通北分干沟全年比 2018 年多排水 80 多万 m^3；2018 年完成生态补水 5.94 亿 m^3，2019 年完成生态补水 6.15 亿 m^3，2020 年完成生态补水 6.25 亿 m^3；红站水量逐年提升，2017 年水量为 4.84 亿 m^3，2018 年水量为 8.57 亿 m^3，2019 年水量为 8.91 亿 m^3。

（3）沙漠化占比

通过对乌兰布和沙漠的综合治理，减少了入黄河的泥沙量，阻止了沙漠向东侵蚀，严重沙漠化沙漠占比由 2017 年的 23.7% 降低到 21.8%，新增沙漠治理面积 4 万亩。

（4）"北方防沙带"生态屏障作用更加突出

通过开展乌兰布和林草植被恢复措施，防沙治沙，与乌拉山水源涵养与地质环境综合治理区、阿拉奔草原水土保持与植被修复区及其他治理区，系统提升"北方防沙带"生态功能。

表 11-8　防风固沙量 单位：万 t/a

序号	项目名称	固沙量
1	沙漠综合治理工程	99.72
2	矿山地质环境综合整治工程	15.05
3	水土保持与植被修复工程	123.32
	合计	238.09

综上所述，试点工程实施后，固碳量可达到 238.09 万 t/a。

（5）减轻地质灾害，减少土壤侵蚀量

乌拉山地质环境区域治理面积比率为 100%，乌拉山地质灾害区域治理率为 47%，矿山地形地貌景观恢复 60%，增强了乌拉山边坡的稳定性和生态屏障服务功能，避免了山体滑坡、坍塌，消除了次生地质灾害发生，提升了治理区河道行洪安全程度和岸坡稳定能力，降低了治理区自然灾害频率，保障了山区人民群众生命财产安全。

减少的土壤侵蚀量统计结果如表 11-9 所示。

表 11-9　减少土壤侵蚀量 单位：万 m³/a

序号	项目名称	减少土壤侵蚀量
1	沙漠综合治理工程	72.27
2	矿山地质环境综合整治工程	34.78
3	水土保持与植被修复工程	9.05
	合计	116.1

综上所述，试点工程实施后减少的土壤侵蚀量为 116.1 万 m³/a。

（6）蓄水能力增强，水资源节约

修复及构建后的八排干、九排干、十排干湿地库容可达到 182 万 m³，湖滨带湿地库容可达到 70.8 万 m³，耕地质量提升工程土壤增加蓄水能力 570 万 m³。

调整种植业结构可实现 2020 年节水约 1 600 万 m³ 以上，耕地深松，可实现 2020 年节水 1 140 万～1 900 万 m³，水肥一体化可实现 2020 年新增节水 3 765 万 m³。

通过中水回用工程，节水 614.68 万 m³/a。

11.2.4　生态服务价值

通过生态系统服务价值评估计算，乌梁素海流域山水林田湖草生态保护修复试点项目产生的生态系统服务总价值为 189 076.14 万元/a，其中，供给服务价值为 110 612.57 万元/a，调节服务价值为 72 845.58 万元/a，文化服务价值为 80.62 万元/a，支持服务价值为 5 537.37 万元/a。

11.3   社会效益

11.3.1   加快贫困人口脱贫步伐，维护边疆安定团结

项目实施后，充分发挥了国家试点工程的带动和辐射作用，促进了区域绿色高质量发展，使乌梁素海及周边群众生产生活得到明显改善。农业面源污染治理工程增产增收及节水效益共计 49.21 亿元，带动农户降本增收，扶持贫困户脱贫致富；项目后期运营增加了就业机会，直接安排就业人员 80 人以上，间接安排就业人员 200 人以上，解决了农村剩余劳动力的安置问题，加快了贫困人口脱贫步伐，维护了边疆少数民族地区的安定团结。临河区入选全国乡村振兴百佳示范县（市），五原县成为全国乡村振兴试点县和自治区农区现代化试点县，乌拉特中旗被自治区列为牧区现代化试点。

11.3.2   "四控行动"稳步推进，推动现代农业绿色发展

通过严格管控、奖补激励，深入开展控肥、控药、控水、控膜"四控行动"，化肥、农药使用量分别减少 6 597.5 t/a、60.8 t/a，化肥、农药利用率均达 40%，同比分别提高 2.7 个百分点、2 个百分点，节水 1.25 亿 m^3/a，巴彦淖尔市覆膜面积由 2019 年的 817.78 万亩减少到 805.81 万亩，实现国标地膜全覆盖，引导企业和农民绿色生产，进一步带动了巴彦淖尔市绿色有机农业快速发展，农业进一步转型升级，实施高标准农田建设和盐碱地改良工程，有力支持了"天赋河套"农产品品牌发展，为河套区域绿色有机高端农需产品生产加工提供可靠支撑，也带动农牧民种植养殖收入的提高。发展绿色现代农牧业是保护生态环境的治本之策，二者相互促进、相得益彰，在巴彦淖尔市委的统筹谋划下，成功举办黄河流域河套灌区、汾渭平原生态保护和现代农业高质量发展交流协作会，建立了 5 省区、22 地市和 2 个国家农高区交流协作机制，开启了共抓黄河生态大保护、携手现代农业大发展的新征程。

11.3.3   人居环境显著改善，百姓生活质量提升

项目的实施提供了优美的自然湿地风光，愉悦心灵，美化人居环境；农村牧区人居环境整治三年行动圆满完成，卫生厕所普及率达 87.5%，生活垃圾收运体系实现行政嘎查村全覆盖，乌拉特前旗被评为全国村庄清洁行动先进县，百姓生活质量持续改善。

11.3.4   推动生态治理科技进步

巴彦淖尔市成立了以生态治理与绿色发展院士专家工作站和专家顾问组为代表的科研机构和人才团队，吸引了众多科研机构和一批在国内外具有一流技术水平环境治理公司与绿色产业公司的参与。通过产学研政结合，针对乌梁素海流域生态治理与绿色发展存在的问题，开展了一系列应用技术与基础理论研究，一方面提高了乌梁素海流域生态治理的科技水平，另一方面将带动巴彦淖尔地区乃至内蒙古西部地区的生态环境科技进步。

11.3.5   创新生态经济发展示范模式

项目实施后，一方面，流域的生态环境得到根本改善，为区域绿色发展奠定了良好的生态环境基础；另一方面，通过环境治理和生态保护倒逼区域经济发展绿色转型，促进区域技术创新，促进区域催生新产业、新业态和新动能，促进区域形成以保护生态环境、节约资源为特点，以现代农牧

业、清洁能源、数字经济、生态旅游和生态水产养殖为代表，以经济社会发展与生态环境保护相互协调、相互促进为目标的新型绿色产业发展格局。这种生态经济发展模式为西部欠发达、生态脆弱地区践行"绿水青山就是金山银山"理论、实现绿色发展提供可资借鉴的经验。

11.3.6　扩大生态产品供给能力

通过项目实施，一方面，流域的生态系统服务功能得到提升，良好生态产品的供给能力明显增强，水污染得到有效控制，土壤环境承载力提高，植被覆盖度增加，区域气候得到明显改善；另一方面，将带动产业结构的优化调整，增加林地、草场、水域面积，为发展现代生态农牧业、绿色清洁能源和生态水产养殖业奠定坚实基础。

11.3.7　提升防洪减灾能力

通过项目实施，一方面增强了乌拉山边坡的稳定性和生态屏障服务功能，避免了山体滑坡、坍塌，消除次生地质灾害发生，提升了治理区河道行洪安全程度和岸坡稳定能力，降低了治理区自然灾害频率，保障了山区人民群众生命财产安全；另一方面增加了乌梁素海流域黄河凌汛期的蓄洪、分洪和调洪能力，有效降低了洪峰，每年可承泄分洪水量 2 亿 m^3 以上，有效减轻了黄河中下游防洪防汛压力，减少了洪涝灾害，防治了塌坡的发生，保护了人民群众生命财产安全。

11.3.8　提升生态环境管理能力

通过生态环境基础数据采集建设、生态环境传输网络建设、生态环境大数据平台建设以及智慧生态环境管理体系建设，实现了乌梁素海流域水环境管理支撑能力≥90%、乌梁素海 9 万亩养殖区和 5 000 亩鱼塘区域监控监管能力≥90%、乌梁素海流域水环境水质自动监测能力≥80%、乌梁素海流域河道流量流速的实时在线监测能力≥80%，提升了乌梁素海环境监管能力、政府绿色发展能力、区域的污染治理能力，避免了重复投资，提高了治理效率。

11.3.9　提高项目宣传度

项目充分贯彻落实习近平生态文明思想，利用生态环境大数据平台等综合展示平台，广泛宣传"山水林田湖草是一个生命共同体"的理论，把握正确舆论导向，人民网中内蒙古频道《内蒙古"一湖两海"水质指标总体向好　生态环境逐步改善》等媒体对"山水林田湖草是一个生命共同体"理念进行了报道，充分总结了生态保护修复试点工程的经验做法与成效。2020 年 10 月，试点工程被《建设监理》评为 2020 年全过程工程咨询服务十佳案例；2020 年 10 月，被生态环境部评为全国"绿水青山就是金山银山"实践创新基地；2020 年 11 月，入选自然资源部评选的"社会资本参与国土空间生态修复案例"；2021 年 2 月，被自然资源部评为基于自然的解决方案（NBS）先进典型案例；2021 年 4 月，成功入选生态环境部生态环境导向的开发（EOD）模式试点，为其他生态修复项目起到了良好的示范和带头作用。

11.3.10　提高全社会生态文明意识

在试点工程实施过程中，政府、企业和群众对环境污染治理和生态保护修复的重要性和价值有了更充分的认识，进一步增强了生态责任意识和绿色消费意识，重视生态脆弱区的环境承载力，自觉践行绿色生产生活方式，形成全社会共治、共管、共享的生态文明新格局，实现人与自然和谐发展。

11.4　经济效益

　　试点工程始终遵循"山水林田湖草沙是一个生命共同体"理念,以改善区域生态环境质量为重点,以提升"北方防沙带"生态功能和保障黄河中下游水生态安全为总体目标,对山上山下、地上地下、陆地水体以及流域上中下游进行整体保护、系统修复、综合治理。通过绩效评估,试点工程产生了显著的经济效益,其中,五大类 14 个项目产生的经济效益总计 1 553 594.37 万~1 637 453.07 万元,此外,项目的实施减少了矿山地质灾害和洪涝灾害造成的直接或间接经济损失,减少了矿业企业生产成本;通过农业面源、农村面源、城镇点源、湿地修复及构建、内源污染治理的协同作用,减少了入湖污染物的总量,乌梁素海水质由劣Ⅴ类提升到Ⅴ类水质,减少了污染物处理成本。具体情况如表 11-10 所示。

表 11-10　乌梁素海流域山水林田湖草生态保护修复试点工程经济效益统计

序号	项目名称	子项目名称	计算依据	年收益/万元	持续期/a	总收益/万元	备注
1	沙漠综合治理工程	乌兰布和沙漠生态修复示范工程	项目种植肉苁蓉 7 万亩,年均亩产 60 kg,每千克价格 40 元	16 800	20	336 000	
2	水土保持与植被修复工程	乌梁素海东岸荒漠草原生态修复示范工程	东岸荒漠草原修复面积 6 万亩,年增产草料 2 565 t,平均每吨草料价格为 350 元	89.775	10	897.75	
		乌拉特前旗乌拉山南北麓林业生态修复工程	项目种植经济果林 16 266 亩,每亩年收益 1 928.26~5 093.47 元	3 136.51~8 285.04	15	47 047.65~124 275.6	
		湖滨带生态拦污工程	1. 项目种植经济果林 1 210.8 亩,每亩年收益 2 384.2~6 035.1 元;2. 项目草原修复面积 10 996.8 亩,年增产草料 733.12 t,平均每吨草料价格 350 元	草地:25.66 经果林:288.68~730.73	草地:10 经果林:15	4 586.8~11 217.55	
3	河湖连通与生物多样性保护工程	乌拉特前旗大仙庙海子周边盐碱地治理及湿地恢复工程	盐碱地改良面积 1.37 万亩,亩均土地改良和水利灌溉增产收益 615.84 元/a	843.7	20	16 874	
		生物多样性保护工程	1. 实验区补偿金额 2 291.06 万元;2. 核心区补偿金额 1 769.18 万元;3. 缓冲区补偿金额 577.13 万元	—	—	4 637.37	
4	乌梁素海湖体水环境保护与修复工程	水生植物资源化综合处理工程	1. 生产刨花板 15 万 m³/a,收益 38 250 万元/a;2. 加工木耳,2020 年收益 75 万元,2021 年收益 314 万元	38 549.06	16	623 517	
			1. 加工草颗粒,2020 年收益 140 万元,2021 年收益 183 万元;2. 加工饲料,2020 年收益 121 万元,2021 年收益 536 万元	673.2	10		
		乌梁素海底泥处置实验示范工程	项目建设过程投入鱼类、螺类、贝类等水生生物,生长成熟后可作为水产品售卖			19.08	

序号	项目名称	子项目名称	计算依据	年收益/万元	持续期/a	总收益/万元	备注
5	农业面源及城镇点源污染治理工程	农业投入品减排工程	减氮控磷项目：实施面积 137.95 万亩，农产品亩均增产 0.033 t/a，亩均增收 78.64 元/a；减少化肥用量 3 803.36 t/a，每吨价格按平均价格 2 790 元计算，节省成本费用 1 061.14 万元/a	11 909.53	2	147 446.24	
			种植业结构调整项目：实施面积 11.1 万亩，农产品亩均增产 0.030 5 t/a，亩均增收 16.78 元/a；减少化肥用量 30.4 t/a，每吨价格按平均价格 2 790 元计算，节省化肥使用成本费用 8.48 万元/a	194.74	2		
			智能配肥站建设项目：新增服务面积 473.04 万亩，农产品亩均增产 0.004 t/a，亩均增收 25.42 元/a；减少化肥用量 1 072 t/a，每吨价格按平均价格 2 790 元计算，节省化肥使用成本费用 299.09 万元/a	12 323.77	10		
		耕地质量提升工程	增施有机肥项目：实施面积 10.27 万亩，农产品亩均增产 0.203 t/a，亩均增收 282.43 元/a；减少化肥用量 288.637 t/a，每吨价格按平均价格 2 790 元计算，节省化肥使用成本费用 80.53 万元/a	2 981.09	2	76 520.58	
			水肥一体化项目：实施面积 15.14 万亩，亩均灌溉增产收益为 410.31 元/a	6 212.09	10		
			耕地深松项目：据调查，经多年土地深松的实践，土地深松比不深松的耕地在其他投入相同的情况下增产 5% 左右，每亩增产 75 元，项目建设规模 37.5 万亩，新增产值 2 812.5 万元/a	2 812.5	3		
		农牧业废弃物回收与资源化利用工程	1. 农药包装废弃物回收项目：直接受益耕地面积 100 万亩，亩均新增产值 10.438 元/a； 2. 农田残膜回收项目：回收面积 402 万亩，亩均新增产值 90.57 元/a； 3. 青贮玉米饲料项目：项目建设规模 16 000 t，青贮秸秆平均价格 360 元/t，新增产值按 30% 计算，即 172.8（360 元/t×30%×16 000 t）万元/a	37 625.8	3	268 134.6	

序号	项目名称	子项目名称	计算依据	年收益/万元	持续期/a	总收益/万元	备注
5	农业面源及城镇点源污染治理工程	农牧业废弃物回收与资源化利用工程	1. 年产优质秸秆固化成型燃料块5万t，按当前市场价450元/t计算，可实现销售收益2 250万元/a； 2. 秸秆颗粒饲料加工销售收益3 600万元/a； 3. 秸秆收储运服务基地销售收益6 000万元/a； 4. 畜禽粪污资源化利用项目年产优质有机矿物复合肥5万t，按当前市场价600元/t计算，可实现销售收益3 000万元/a	14 850	10		
			吸引社会投资6 757.2万元	1 351.44	5		
		乌拉特前旗乌拉山镇污水处理厂改、扩建工程	再生水产生量605.15万t/a，中水价格1.4元/t，灌溉水价1.73元/t，每吨节省0.33元，产生收益199.7万元/a	199.7	10	1 997	
		乌梁素海生态产业园综合服务区（坝头地区）污水工程	再生水产生量4.38万t/a，中水价格1.4元/t，灌溉水价1.73元/t，每吨节省0.33元，产生收益1.45万元/a	1.45	10	14.5	
6		旅游业	乌梁素海流域水质好转，周围环境的改善促进了当地旅游业收益，据调查，乌梁素海旅游业2019年收益816万元，2020年收益961万元，2021年收益1 413万元，呈逐年增长趋势，年均增长率为23.5%，乌梁素海旅游业收益具有良好的可持续性	1 063.33	10	10 633.3	
7		渔业	2016年收益1 365.7万元，2017年收益1 553.85万元，2018年收益1 661万元	1 526.85	10	15 268.5	

11.5　小结

11.5.1　生态效益

通过乌梁素海流域山水林田湖草生态保护修复试点工程建设，乌梁素海流域沙漠化进程得到控制，受损山体得到全面修复，水土流失状况得到有效缓解，流域水环境质量持续提升、湖体和湿地的生态环境明显改善，生态环境得到切实有效的保护，增强了整个流域山水林田湖草沙生命共同体的稳定性，提高了生态系统服务功能，我国北方的生态安全屏障更加牢固。

（1）"北方防沙带"生态屏障作用更加突出

一是通过对乌兰布和沙漠的综合治理，严重沙漠化沙漠占比由2017年的23.7%降至21.8%，固沙量达99.72万t/a，提升了沙漠涵养水源、防风固沙、固碳释氧和土壤保肥能力，减少了进入黄河的泥沙量，阻止沙漠向东侵蚀，保障了黄河中下游水生态安全，推动了乌梁素海流域生态环境的持续改善，保障了我国北方生态安全，乌兰布和沙漠治理区于 2020 年 11 月 30 日被生态环境部命名为"绿水青山就是金山银山"实践创新基地。

二是乌拉山共计治理无责任主体露天采坑 1 004 个，治理无责任主体废渣堆 1 483 个，治理无责任主体废弃工业广场 123 个，乌拉山地质环境区域治理面积比率为 100%，治理面积达 15.13 km²，乌拉山地质灾害区域治理率为 47%，植被恢复面积共计 12.2 km²，增强了乌拉山边坡的稳定性和生态屏障服务功能，避免了山体滑坡、坍塌，消除次生地质灾害发生，提升了治理区河道行洪安全程度和岸坡稳定能力，降低了治理区自然灾害频率，保障了山区人民群众生命财产安全。

三是项目区林草覆盖率得到有效提高，2021 年巴彦淖尔市森林覆盖率和草原综合植被盖度分别从 5.5%和 26.9%提高到 6.5%和 28.2%。试点工程新增水土流失治理面积 1.18 万亩，新增乌拉山林业生态修复面积 2.95 万亩，新增乌梁素海周边草原生态修复面积 6 万亩，湖滨带生态拦污工程草原地面覆盖度由原来的 36.8%提高到 62.1%，乌梁素海东岸荒漠草原生态修复示范工程林草覆盖度从 9.32%上升至 17.74%，乌拉特前旗乌拉山南北麓林业生态修复工程草原地面覆盖度由原来的 7.3%提高到 10.07%，乌梁素海周边造林绿化工程新增绿化总面积 223.4 亩，减少土壤侵蚀总量 29 033 t，固沙量 123.32 万 t/a，涵养水源 470.32 万 t/a，阻滞降尘 21.5 t/a。减少了区域地表径流和水土流失，减缓了土壤沙化、草场荒漠化进程，减少了入湖污染物和泥沙量，增强了区域涵养水源、净化大气和固碳释氧能力，提高了生物多样性，强化了阿拉奔草原的生态服务功能。

四是通过在河套灌区全面实施"四控行动"和推广施用有机肥，增加了土壤有机质含量，有机质平均含量由项目实施前的 13.92 g/kg 提升到 14.07 g/kg，增加了 0.15 g/kg，改善了土壤团粒结构，提高了土壤微生物生物活性，调整了土壤酸碱度，pH 平均值由 8.4 下降到 8.28，降低了 0.12，提高了土壤蓄水、保水、保肥等生态功能，亩均灌溉水量减少了 30～50 m³，减少 N、P 流失 2 295.52 t/a，降低了次生盐碱化和沙化程度，避免了河套灌区在旱季产生扬沙扬尘。

五是在乌梁素海流域开展更为严格的生物多样性保护，对乌梁素海湿地水禽自然保护区面积为 3476 hm² 的核心区和缓冲区进行生物多样性保护补偿，对未授权管理拟纳入保护区实验区的 10 909.84 hm² 苇田及相关地类进行生物多样性保护补偿，签订补偿协议和委托管理协议，并进行保护区确界工作，通过对补偿区激进型有效管理达到保护珍稀鸟类，为乌梁素海流域野生物种提供繁殖、栖息空间的目的。据统计，2019 年乌梁素海春季浮游植物 102 种，2021 年春季（4 月）乌梁素海共检出浮游植物 120 种，浮游植物种类明显增多；2018 年芦苇面积为 178.28 km²，2021 年挺水植被（芦苇）面积为 174.55 km²，沉水植被面积为 72.04 km²；2019 年鉴定浮游动物 62 种，2021 年鉴定浮游动物 64 种，2020 年乌梁素海浮游动物物种数略高于 2019 年；2019 年的鱼类种类有 17 种，2021 年 4 月在乌梁素海湖区记录到鱼类 21 种，相较于 2019 年调查结果，鱼类种类得到明显丰富，生物多样性明显提高；2016 年乌梁素海湿地水禽自治区级自然保护区内累计调查鸟类数量 254 种，2020 年累计调查鸟类数量 258 种，鸟类种类数增多。部分鸟类数量明显增加，例如，灰雁数量由原来的不到 10 只增加到 648 只，白骨顶数量增加了 20 万只左右，鸟类生物多样性及物种稳定性得到了明显提高。

（2）乌梁素海流域水生态功能进一步提升

一是增加乌梁素海流域黄河凌汛期的蓄洪、分洪和调洪能力，有效降低洪峰，每年可承泄分洪水量 2 亿 m³ 以上，有效减轻黄河中下游防洪防汛压力；一排干沟同期对比 2019 年 5 月排水量多排 54.64 万 m³；九排干沟 2019 年夏灌较 2018 年排水量同期增加了 373.8 万 m³，2020 年较 2019 年排水量同期增加了 44.1 万 m³，2019 年新安分干沟全年排水量比 2018 年增加了 110 多万 m³，通北分干沟全年比 2018 年多排水 80 多万 m^3；2018 年完成生态补水 5.94 亿 m^3，2019 年完成生态补水 6.15 亿 m^3，2020 年完成生态补水 6.25 亿 m^3；红站水量逐年提升，2017 年水量为 4.84 亿 m^3，2018 年水量为 8.57 亿 m^3，2019 年水量为 8.91 亿 m^3。

二是通过湖区湿地治理及湖区水道疏浚，增加土壤植被蓄水效果，涵养水源，提高湖泊湿地地表积水深度，增加库容。

三是通过综合治理，有效降低了乌梁素海水质主要污染物指标 COD、TN、NH_3-N 和 TP 浓度，2018 年湖心 COD 年均浓度 238 mg/L，NH_3-N 年均浓度 0.398 mg/L，TP 年均浓度 0.068 mg/L，TN 年均浓度 1.318 mg/L。2020 年湖心 COD 年均浓度 188 mg/L，年均降低了 21.7%；NH_3-N 年均浓度 0.18 mg/L，年均降低了 53.8%；TP 年均浓度 0.028 mg/L，年均降低了 66.7%；TN 年均浓度 0.748 mg/L，年均降低了 43.5%。

四是通过河湖连通工程，有效提升了各排干沟排水畅通性，改善了流域水循环，提升了乌梁素海水动力条件，增强了乌梁素海流域生态系统的稳定性与生态服务功能。各排干近三年水质指标情况逐渐好转，一排干～三排干在 2020 年可达到地表水 III 类水质标准；八排干、总排干可达到地表水 IV 类水质标准，七排干、九排干可达到地表水 V 类水质标准。2018—2020 年，排干沟中全盐量、氯化物和硫酸盐总体上呈下降趋势。红站 2017 年总溶解性固体浓度为 1 944 mg/L，2018 年为 2 017 mg/L，2019 年为 1 749 mg/L，总体呈下降趋势。乌梁素海近三年水质逐年好转，整体上从 2018 年地表水环境质量 V 类水质转变为 2020 年 IV 类水质。

（3）人居环境和生产环境明显改善

一是环乌梁素海周边城镇生活污水处理率为 99%，生活垃圾无害化处理率为 98%，乌梁素海流域人居环境明显改善，人民群众幸福指数不断提升，人民群众充分享受到了生态环境带来的福祉，创造了一个人与自然和谐相处的新局面，乌拉特前旗 2020 年被中央农办、农业农村部评为全国村庄清洁行动先进县；通过乌拉特前旗污水处理厂扩建和改造工程，出水水质达《城镇污水处理厂污染物排放标准》中一级 A 排放标准，污染物削减量：SS 为 5 234.1 t/a，COD 为 905.2 t/a，BOD_5 为 194.9 t/a，TP 为 69 t/a，NH_3-N 为 505.2 t/a，TN 为 607.4 t/a，石油类为 9.2 t/a，动植物油为 14.6 t/a，阴离子表面活性剂为 10.3 t/a；通过再生水管网建设，实现了部分再生水回用，减少了污水排放；通过乌梁素海坝头地区污水处理及管网工程，出水水质达《城镇污水处理厂污染物排放标准》中一级 A 排放标准，实现了乌梁素海坝头地区生活污水有效收集与处理，TP、NH_3-N、COD、BOD_5、TN 和悬浮物削减量分别为 0.08 t/a、0.97 t/a、39.33 t/a、9.01 t/a、2.09 t/a 和 11.13 t/a；通过"厕所革命"工程，减少氮排放量约 1 186.21 t/a，减少磷排放量约 154.39 t/a；通过村镇一体化污水工程，COD、NH_3-N、TP 和 TN 削减量分别为 389.27 t/a、38.93 t/a、5.62 t/a 和 38.93 t/a；通过生活垃圾收集和转运站点建设工程，减少垃圾渗滤液产生量 4.63～5.55 m^3/d，COD 减排量 13.52～16.21 t/a，NH_3-N 减排量 0.68～0.81 t/a，TP 减排量 0.024～0.028 t/a。

二是乌梁素海流域生产环境明显改善。巴彦淖尔市确定建设河套全域绿色有机高端农畜产品生产加工服务输出基地的战略，统筹推进山水林田湖草沙生态综合治理，深入开展农业"控肥、控药、控水、控膜"四大行动，推广绿色生产方式，提升河套灌区农产品品质。2020 年巴彦淖尔市化肥利用率达 40.01%，较 2019 年提高了 2.71 个百分点；绿色防控推广面积 563.1 万亩，覆盖率达 50%，2020 年农药利用率达到 40%，较 2019 年提高了 2 个百分点，改善了土壤环境；2020 年巴彦淖尔市残膜当季回收率达 81.71%，较 2019 年提高了 1.64 个百分点，地膜残留量明显降低，减轻了"白色污染"；2020 年秸秆综合利用率达 87.81%，比 2019 年提高了 2.52 个百分点，降低了 $PM_{2.5}$、PM_{10}

等颗粒物的浓度，改善了大气环境；2020 年巴彦淖尔市畜禽粪污综合利用率为 92.02%，较 2019 年提高了 8.86 个百分点，畜禽规模化养殖场粪污资源化利用设施配套率达 100%，较 2019 年提高了 1.17 个百分点；2020 年畜禽养殖年排泄粪污中污染物 COD、BOD、NH_3-N、TP、TN 的减排量分别为 12 443.9 t、11 050.84 t、1 498.16 t、1 469.71 t、5 268.44 t；新增减氮控磷示范面积 137.95 万亩，减少 N、P 排放量共 2 295.52 t/a；新增智能配肥站服务面积 473.04 万亩；新增水肥一体化面积 15.14 万亩，全市推广水肥一体化面积达到 225.44 万亩。

11.5.2 社会效益

（1）加快贫困人口脱贫步伐，维护边疆安定团结

项目实施后，充分发挥了国家试点工程的带动和辐射作用，促进了区域绿色高质量发展，使乌梁素海及周边群众生产生活得到明显改善。农业面源污染治理工程增产增收及节水效益共计 49.21 亿元，带动农户降本增收，扶持贫困户脱贫致富；项目后期运营增加了就业机会，直接安排就业人员 80 人以上，间接安排就业人员 200 人以上，解决了农村剩余劳动力的安置问题，加快了贫困人口脱贫步伐，维护了边疆少数民族地区的安定团结。临河区入选全国乡村振兴百佳示范县（市），五原县成为全国乡村振兴试点县和自治区农区现代化试点县，乌拉特中旗被自治区列为牧区现代化试点。

（2）推动生态治理科技进步

巴彦淖尔市成立了以生态治理与绿色发展院士专家工作站和专家顾问组为代表的科研机构和人才团队，吸引了众多科研机构和一批在国内外具有一流技术水平环境治理公司与绿色产业公司的参与。通过产学研政结合，针对乌梁素海流域生态治理与绿色发展存在的问题，开展一系列应用技术与基础理论研究，一方面提高了乌梁素海流域生态治理科技水平，另一方面将带动巴彦淖尔地区乃至内蒙古西部地区生态环境科技进步。

（3）创新生态经济发展示范模式

项目实施后，一方面，流域的生态环境得到有效改善，为区域绿色发展奠定良好的生态环境基础；另一方面，通过环境治理和生态保护倒逼区域经济发展绿色转型，促进区域技术创新，促进区域催生新产业、新业态和新动能，促进区域形成以保护生态环境、节约资源为特点，以现代农牧业、清洁能源、数字经济、生态旅游和生态水产养殖为代表，以经济社会发展与生态环境保护相互协调、相互促进为目标的新型绿色产业发展格局。这种生态经济发展模式为西部欠发达、生态脆弱地区践行"绿水青山就是金山银山"理论、实现绿色发展提供可借鉴的示范作用。

（4）扩大生态产品供给能力

通过项目实施，一方面，流域的生态系统服务功能得到提升，良好生态产品的供给能力明显增强，水污染得到有效控制、土壤环境承载力提高、植被覆盖度增加、区域气候得到明显改善；另一方面，带动产业结构的优化调整，增加林地、草场、水域面积，为发展现代生态农牧业、绿色清洁能源和生态水产养殖业奠定坚实基础。

（5）提高全社会生态文明意识

项目充分贯彻落实习近平生态文明思想，利用生态环境大数据平台等综合展示平台，广泛宣传"山水林田湖草是一个生命共同体"的理论，把握正确舆论导向，人民网中内蒙古频道《内蒙古"一湖两海"水质指标总体向好 生态环境逐步改善》等媒体对"山水林田湖草是一个生命共同体"理念进行了报道，充分总结了生态保护修复试点工程的经验做法与成效。在试点工程实施过程中，政府、企业和群众对环境污染治理和生态保护修复的重要性和价值有了更充分的认识，进一步增强了生态

责任意识和绿色消费意识，重视生态脆弱区的环境承载力，自觉践行绿色生产生活方式，形成了全社会共治、共管、共享的生态文明新格局，实现人与自然和谐发展。

11.5.3 经济效益

（1）直接经济效益

通过对"山水林田湖草试点工程"区域所产生和形成的非公益性的经营性资源，如乌兰布和沙漠生态修复与经济作物种植、农牧业废弃物资源化利用、污水处理和中水回收利用、乌梁素海水生植物资源化利用等，进行产业化、市场化运作，既能产生明显的环境治理效果，又能产生一定的直接经济效益和潜在经济价值。如乌兰布和沙漠生态修复项目在防沙治沙的同时，开展梭梭林人工接种肉苁蓉，产出肉苁蓉名贵中药材，经估算，年收益 16 800 万元，持续期 20 年，总收益 336 000 万元；秸秆销售、加工成固体燃料和颗粒饲料以及畜禽粪污加工成有机矿物复合肥产生的经济收益总计 148 500 万元；中水回收利用节省水资源产生的收益为 201.15 万元/a；乌梁素海水生植物资源化利用项目通过生产刨花板、加工木耳、加工草颗粒和加工饲料产生的收益总计 623 517 万元。

（2）间接经济效益

该项目不仅可以产生直接经济效益，还可以通过带动产业发展产生巨大间接经济效益。通过乌梁素海流域山水林田湖生态保护修复试点工程的实施，调整了产业结构合理性，推动了现代生态农牧业、生态旅游、生态水产养殖等绿色产业的发展，为当地经济可持续发展奠定了坚实基础。一是增加了绿色农牧业收入。依托得天独厚的农牧业资源禀赋，因地制宜，坚持全新发展理念，加强品牌建设，不断夯实农牧业基础，培育了一批优质农畜产品生产加工企业，造就了有口皆碑的优质农畜产品，以"天赋河套"区域公用品牌为引领，其授权的 12 家企业、53 款农产品市县溢价 30%以上，带动巴彦淖尔市优质农畜产品整体溢价 15%以上。"天赋河套"总部基地 2020 年首批已入驻 347 家企业，入驻企业 2020 年累计销售额 12 亿元，带动产业销售 30 亿元。二是增加旅游业收入。通过试点工程的实施，乌梁素海湖区及周边人工湿地自然景观得到整体提升，恢复了乌梁素海"塞外明珠"的历史风貌，带动了旅游业的发展，提高了旅游接待规模和档次，据调查，乌梁素海旅游业 2019 年收益 816 万元，2020 年收益 961 万元，2021 年收益 1 413 万元，呈逐年增长趋势，年均增长率为 23.5%，乌梁素海旅游业收益具有良好的可持续性。三是项目的实施带动了周边地区的经济发展，为当地带来很多劳动就业的机会，项目后期运营直接安排就业人员 80 人以上，间接安排就业人员 200 人以上。四是通过改善了湖体、排干沟水质和乌梁素海流域淡水养殖环境质量，进一步提高了乌梁素海流域水产品品质和水产养殖收入，渔业 2016 年收益 1 365.7 万元，2017 年收益 1 553.85 万元，2018 年收益 1 661 万元。